초등 수학 ~~~~ 력!!

신기한
연산왕

B-4 초2
수준

수학 학력 평가의 새로운 기준!

KMA
한국수학학력평가

현직 교수, 박사급 출제위원!

빅데이터 평가분석!

1:1 KMA 평가 전문 상담!

평가 일시 : 매년 상반기 6월, 하반기 11월 실시

수학 학력 평가의 새로운 기준!

KMA
Korean Mathematics Ability Evaluation
한국수학학력평가
대비서

초 **3**학년

한국수학학력평가 연구원
홈페이지 : www.kma-e.com

※ 창의 사고력 도전 문제 동영상 강의 QR 코드 무료 제공
※ 정답과 풀이 뒷면에 동영상 강의 QR 코드를 확인하세요.

◆ 단원 평가
◆ 실전 모의고사
◆ 최종 모의고사

참가 대상	초등 1학년 ~ 중등 3학년
	(상급학년 응시가능)
신청 방법	1) KMA 홈페이지에서 온라인 접수
	2) 해당지역 KMA 학원 접수처
	3) 기타 문의 ☎ 070-4861-4832
홈페이지	www.kma-e.com

※ 상세한 내용은 홈페이지에서 확인해 주세요.

주 최 ㅣ 한국수학학력평가 연구원   주 관 ㅣ ㈜에듀왕

KMA 대비서

초등 수학의 기본은 연산력!!

초등수학

연산왕

B-4 초2 수준

구성과 특징

원리+익힘

연산의 원리를 쉽게 이해하고 빠르고 정확한 계산 능력을 얻을 수 있도록 구성하였습니다.

1 곱셈식 알아보기(1)

월 일

- 2씩 4묶음은 2+2+2+2=8입니다.
- 2씩 4묶음은 2의 4배라고 합니다.
- 2의 4배를 2×4라고 쓰고 2 곱하기 4라고 읽습니다.
- 2의 4배는 8입니다. 이것을 2×4=8이라 쓰고 '2 곱하기 4는 8과 같습니다.' 또는 '2와 4의 곱은 8입니다.'라고 읽습니다.

□ 안에 알맞은 수를 써넣으세요. (1~2)

1
(1) (4개씩 □묶음)=□+□+□=□
(2) (4개씩 □묶음)=(4의 □배)=4×□
(3) 4×□=□
  └ 4 곱하기 □는 □과 같습니다.
  └ 4와 □의 곱은 □입니다.

2
(1) (3개씩 □묶음)=□+□+□+□+□=□
(2) (3개씩 □묶음)=(3의 □배)=3×□
(3) 3×□=□
  └ 3 곱하기 □은 □과 같습니다.
  └ 3과 □의 곱은 □입니다.

8 나는 연산왕이다.

신기한 연산

연산 능력과 창의사고력 향상이 동시에 이루어질 수 있는 문제로 구성하여 계산 능력과 창의사고력이 저절로 향상될 수 있도록 구성하였습니다.

9 신기한 연산

월 일

보기 에서 규칙을 찾아 빈칸에 알맞은 수를 써넣으세요. (1~6)

보기

2	6	3
	24	
2	4	2

1	4	4
	36	
3	9	3

1
2		4
	40	
		1

2
6		1
2	6	

3
	2	
	42	
7		1

4
3		
	30	
5	5	

5
	8	4
2		3

6
3		3
2		4

54 나는 연산왕이다.

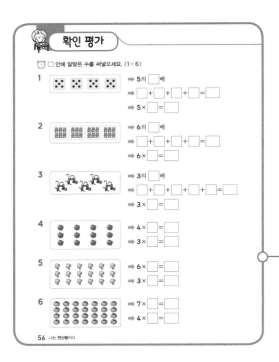

확인 평가

□ 안에 알맞은 수를 써넣으세요. (1~6)

1
⇒ 5의 □배
⇒ □+□+□+□=□
⇒ 5×□=□

2
⇒ 6의 □배
⇒ □+□+□+□=□
⇒ 6×□=□

3
⇒ 3의 □배
⇒ □+□+□+□=□
⇒ 3×□=□

4
⇒ 4×□=□
⇒ 3×□=□

5
⇒ 6×□=□
⇒ 3×□=□

6
⇒ 7×□=□
⇒ 4×□=□

56 나는 연산왕이다.

확인평가

단원을 마무리하면서 익힌 내용을 평가하여 자신의 실력을 알아볼 수 있도록 구성하였습니다.

크라운 온라인 단원 평가는?

크라운 온라인 평가는?

단원별 학습한 내용을 올바르게 학습하였는지 실시간 점검할 수 있는 온라인 평가입니다.

- 온라인 평가는 매단원별 25문제로 출제 되었습니다.
- 평가 시간은 30분이며 시험 시간이 지나면 문제를 풀 수 없습니다.
- 온라인 평가를 통해 100점을 받으시면 크라운 1개를 획득할 수 있습니다.

온라인 평가 방법

에듀왕닷컴 접속 www.eduwang.com	메인 상단 메뉴에서 단원평가 클릭	단계 및 단원 선택
신규 회원 가입 또는 로그인	닷컴 메인 메뉴에서 단원 평가 클릭	평가하고자 하는 단계와 단원을 선택

크라운 확인	온라인 단원 평가 종료	온라인 단원 평가 실시
마이페이지에서 크라운 확인 후 크라운 사용	종료 후 실시간 평가 결과 확인	30분 동안 평가 실시

유의사항

- 평가 시작 전 종이와 연필을 준비하시고 인터넷 및 와이파이 신호를 꼭 확인하시기 바랍니다.
- 단원평가는 최초 1회에 한하여 크라운이 반영됩니다. (중복 평가 시 크라운 미 반영)
- 각 단원 평가를 통해 100점을 받으시면 크라운 1개를 드리며, 획득하신 크라운으로 에듀왕닷컴에서 판매하고 있는 교재 및 서비스를 무료로 구매 하실 수 있습니다. (크라운 1개 – 1,000원)

연산왕 단계별 학습 내용

A-1
(초1 수준)

1. 9까지의 수
2. 9까지의 수를 모으고 가르기
3. 덧셈과 뺄셈

A-2
(초1 수준)

1. 19까지의 수
2. 50까지의 수
3. 50까지의 수의 덧셈과 뺄셈

A-3
(초1 수준)

1. 100까지의 수
2. 덧셈
3. 뺄셈

A-4
(초1 수준)

1. 두 자리 수의 혼합 계산
2. 두 수의 덧셈과 뺄셈
3. 세 수의 덧셈과 뺄셈

B-1
(초2 수준)

1. 세 자리 수
2. 받아올림이 한 번 있는 덧셈
3. 받아올림이 두 번 있는 덧셈

B-2
(초2 수준)

1. 받아내림이 한 번 있는 뺄셈
2. 받아내림이 두 번 있는 뺄셈
3. 덧셈과 뺄셈의 관계

B-3
(초2 수준)

1. 네 자리 수
2. 세 자리 수와 두 자리 수의 덧셈과 뺄셈
3. 세 수의 계산

B-4
(초2 수준)

1. 곱셈구구
2. 길이의 계산
3. 시각과 시간

차례

1

곱셈구구

- **2**씩 **4**묶음은 **2**+**2**+**2**+**2**=**8**입니다.
- **2**씩 **4**묶음은 **2**의 **4**배라고 합니다.
- **2**의 **4**배를 **2**×**4**라고 쓰고 **2** 곱하기 **4**라고 읽습니다.
- **2**의 **4**배는 **8**입니다. 이것을 **2**×**4**=**8**이라 쓰고 '**2** 곱하기 **4**는 **8**과 같습니다.' 또는 '**2**와 **4**의 곱은 **8**입니다.'라고 읽습니다.

🕐 ☐ 안에 알맞은 수를 써넣으세요. (1~2)

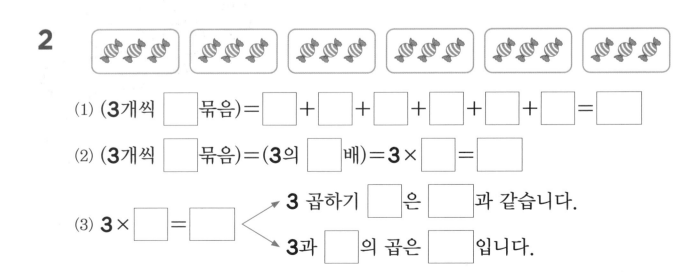

1

(1) (**4**개씩 ☐ 묶음)= ☐ + ☐ + ☐ + ☐ = ☐

(2) (**4**개씩 ☐ 묶음)=(**4**의 ☐ 배)=**4**× ☐ = ☐

(3) **4**× ☐ = ☐
　　4 곱하기 ☐ 는 ☐ 과 같습니다.
　　4와 ☐ 의 곱은 ☐ 입니다.

2

(1) (**3**개씩 ☐ 묶음)= ☐ + ☐ + ☐ + ☐ + ☐ + ☐ = ☐

(2) (**3**개씩 ☐ 묶음)=(**3**의 ☐ 배)=**3**× ☐ = ☐

(3) **3**× ☐ = ☐
　　3 곱하기 ☐ 은 ☐ 과 같습니다.
　　3과 ☐ 의 곱은 ☐ 입니다.

⏰ ☐ 안에 알맞은 수를 써넣으세요. (3 ~ 5)

3

(1) (☐마리씩 ☐묶음)=☐+☐+☐+☐+☐=☐

(2) (☐마리씩 ☐묶음)=(☐의 ☐배)=☐×☐=☐

(3) ☐×☐=☐
- ☐ 곱하기 ☐는 ☐와 같습니다.
- ☐과 ☐의 곱은 ☐입니다.

4

(1) (☐마리씩 ☐묶음)=☐+☐+☐+☐=☐

(2) (☐마리씩 ☐묶음)=(☐의 ☐배)=☐×☐=☐

(3) ☐×☐=☐
- ☐ 곱하기 ☐는 ☐과 같습니다.
- ☐와 ☐의 곱은 ☐입니다.

5

(1) (☐개씩 ☐묶음)=☐+☐+☐+☐+☐=☐

(2) (☐개씩 ☐묶음)=(☐의 ☐배)=☐×☐=☐

(3) ☐×☐=☐
- ☐ 곱하기 ☐는 ☐와 같습니다.
- ☐과 ☐의 곱은 ☐입니다.

1 곱셈식 알아보기 (2)

학습 날짜

월   일

⏰ ☐ 안에 알맞은 수를 써넣고 두 가지 방법으로 읽어 보세요. (1~3)

1

(1) (**2**마리씩 ☐ 묶음)=(**2**의 ☐ 배)=**2**×☐=☐

(2) **2**×☐=☐ <

2

(1) (**3**개씩 ☐ 묶음)=(**3**의 ☐ 배)=**3**×☐=☐

(2) **3**×☐=☐ <

3

(1) (**6**개씩 ☐ 묶음)=(**6**의 ☐ 배)=**6**×☐=☐

(2) **6**×☐=☐ <

⏰ ☐ 안에 알맞은 수를 써넣으세요. (4 ~ 8)

4

➡ 3의 ☐ 배

➡ ☐ + ☐ + ☐ + ☐ = ☐

➡ ☐ × ☐ = ☐

5
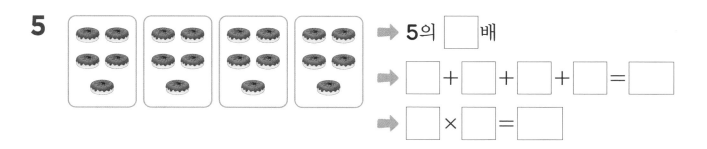

➡ 5의 ☐ 배

➡ ☐ + ☐ + ☐ + ☐ = ☐

➡ ☐ × ☐ = ☐

6
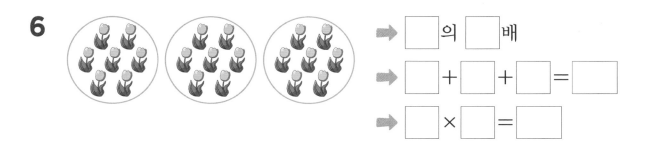

➡ ☐ 의 ☐ 배

➡ ☐ + ☐ + ☐ = ☐

➡ ☐ × ☐ = ☐

7

➡ ☐ 의 ☐ 배

➡ ☐ + ☐ = ☐

➡ ☐ × ☐ = ☐

8
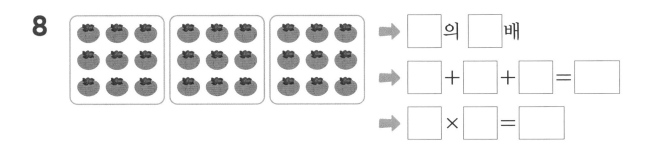

➡ ☐ 의 ☐ 배

➡ ☐ + ☐ + ☐ = ☐

➡ ☐ × ☐ = ☐

곱셈식 알아보기 (3)

학습 날짜
____월 ____일

⏰ ☐ 안에 알맞은 수를 써넣으세요. (1~6)

1

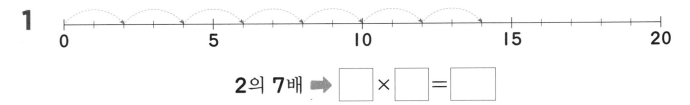

2의 7배 ➡ ☐ × ☐ = ☐

2

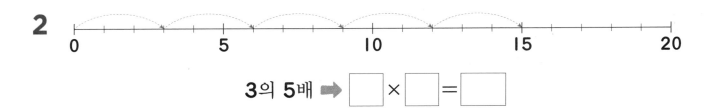

3의 5배 ➡ ☐ × ☐ = ☐

3

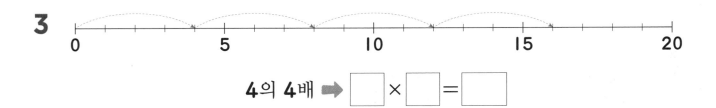

4의 4배 ➡ ☐ × ☐ = ☐

4

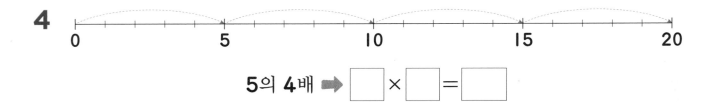

5의 4배 ➡ ☐ × ☐ = ☐

5

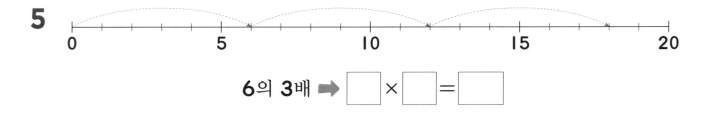

6의 3배 ➡ ☐ × ☐ = ☐

6

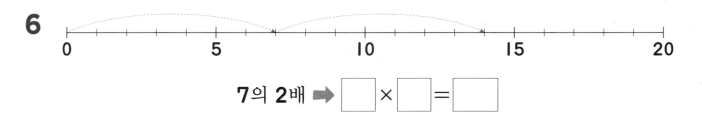

7의 2배 ➡ ☐ × ☐ = ☐

⏰ □ 안에 알맞은 수를 써넣으세요. (7~18)

7 $2+2+2+2+2+2=12$

➡ $\boxed{} \times \boxed{} = \boxed{}$

8 $3+3+3+3=12$

➡ $\boxed{} \times \boxed{} = \boxed{}$

9 $4+4+4+4+4=20$

➡ $\boxed{} \times \boxed{} = \boxed{}$

10 $5+5+5=15$

➡ $\boxed{} \times \boxed{} = \boxed{}$

11 $6+6+6+6+6=30$

➡ $\boxed{} \times \boxed{} = \boxed{}$

12 $7+7+7+7=28$

➡ $\boxed{} \times \boxed{} = \boxed{}$

13 $8+8+8=\boxed{}$

➡ $\boxed{} \times \boxed{} = \boxed{}$

14 $9+9+9+9+9=\boxed{}$

➡ $\boxed{} \times \boxed{} = \boxed{}$

15 $5+5+5+5+5+5=\boxed{}$

➡ $\boxed{} \times \boxed{} = \boxed{}$

16 $6+6+6+6=\boxed{}$

➡ $\boxed{} \times \boxed{} = \boxed{}$

17 $7+7+7+7+7=\boxed{}$

➡ $\boxed{} \times \boxed{} = \boxed{}$

18 $8+8+8+8+8=\boxed{}$

➡ $\boxed{} \times \boxed{} = \boxed{}$

곱셈식 알아보기 (4)

🕐 그림을 보고 곱셈식으로 나타내세요. (1~5)

1

➡ 2 × ☐ = ☐

2

➡ 4 × ☐ = ☐

3

➡ 5 × ☐ = ☐

4

➡ ☐ × ☐ = ☐

5

➡ ☐ × ☐ = ☐

계산은 빠르고 정확하게!

🕐 그림을 보고 ☐ 안에 알맞은 수를 써넣으세요. (6 ~ 11)

6

$4 \times \boxed{} = \boxed{}$

$2 \times \boxed{} = \boxed{}$

7

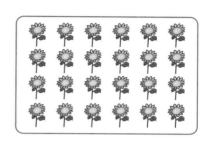

$8 \times \boxed{} = \boxed{}$, $6 \times \boxed{} = \boxed{}$

$4 \times \boxed{} = \boxed{}$, $3 \times \boxed{} = \boxed{}$

8

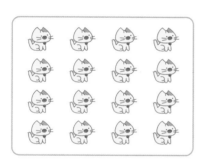

$8 \times \boxed{} = \boxed{}$, $4 \times \boxed{} = \boxed{}$

$2 \times \boxed{} = \boxed{}$

9

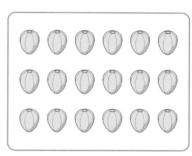

$9 \times \boxed{} = \boxed{}$, $6 \times \boxed{} = \boxed{}$

$3 \times \boxed{} = \boxed{}$, $2 \times \boxed{} = \boxed{}$

10

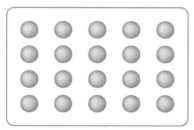

$5 \times \boxed{} = \boxed{}$

$4 \times \boxed{} = \boxed{}$

11

$7 \times \boxed{} = \boxed{}$

$3 \times \boxed{} = \boxed{}$

2 2단, 5단 곱셈구구(1)

☆ 2단 곱셈구구

×	1	2	3	4	5	6	7	8	9
2	2	4	6	8	10	12	14	16	18

+2 +2 +2 +2 +2 +2 +2 +2

➡ **2**단 곱셈구구에서는 곱하는 수가 **1**씩 커지면 곱은 **2**씩 커집니다.

☆ 5단 곱셈구구

×	1	2	3	4	5	6	7	8	9
5	5	10	15	20	25	30	35	40	45

+5 +5 +5 +5 +5 +5 +5 +5

➡ **5**단 곱셈구구에서는 곱하는 수가 **1**씩 커지면 곱은 **5**씩 커집니다.

⏰ 그림을 보고 □ 안에 알맞은 수를 써넣으세요. (1~4)

1

(오이의 수)＝2×□＝□

2

(당근의 수)＝2×□＝□

3

(사탕의 수)＝2×□＝□

4

(귤의 수)＝2×□＝□

⏰ 그림을 보고 □ 안에 알맞은 수를 써넣으세요. (5~10)

5

(다리의 수)=2×□=□

6

(손가락의 수)=2×□=□

7

(구슬의 수)=5×□=□

8

(딸기의 수)=5×□=□

9

(별의 수)=5×□=□

10

(구슬의 수)=5×□=□

2단, 5단 곱셈구구 (2)

⏰ □ 안에 알맞은 수를 써넣으세요. (1~12)

1

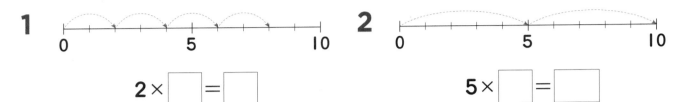

$2 \times \boxed{} = \boxed{}$

2

$5 \times \boxed{} = \boxed{}$

3

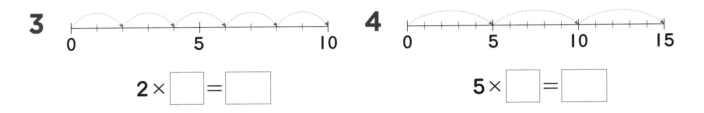

$2 \times \boxed{} = \boxed{}$

4

$5 \times \boxed{} = \boxed{}$

5

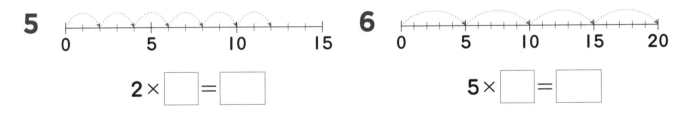

$2 \times \boxed{} = \boxed{}$

6

$5 \times \boxed{} = \boxed{}$

7

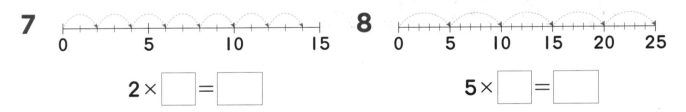

$2 \times \boxed{} = \boxed{}$

8

$5 \times \boxed{} = \boxed{}$

9

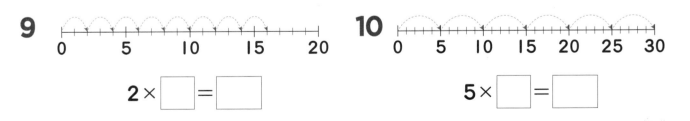

$2 \times \boxed{} = \boxed{}$

10

$5 \times \boxed{} = \boxed{}$

11

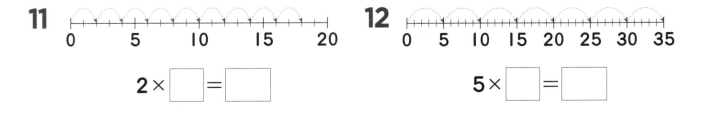

$2 \times \boxed{} = \boxed{}$

12

$5 \times \boxed{} = \boxed{}$

⏰ □ 안에 알맞은 수를 써넣으세요. (13 ~ 28)

13 $2+2=2\times\boxed{}=\boxed{}$

14 $5+5=5\times\boxed{}=\boxed{}$

15 $2+2+2=2\times\boxed{}=\boxed{}$

16 $5+5+5=5\times\boxed{}=\boxed{}$

17 $2+2+2+2=2\times\boxed{}=\boxed{}$

18 $5+5+5+5=5\times\boxed{}=\boxed{}$

19 $2+2+2+2+2$
$=2\times\boxed{}=\boxed{}$

20 $5+5+5+5+5$
$=5\times\boxed{}=\boxed{}$

21 $2+2+2+2+2+2$
$=2\times\boxed{}=\boxed{}$

22 $5+5+5+5+5+5$
$=5\times\boxed{}=\boxed{}$

23 $2+2+2+2+2+2+2$
$=2\times\boxed{}=\boxed{}$

24 $5+5+5+5+5+5+5$
$=5\times\boxed{}=\boxed{}$

25 $2+2+2+2+2+2+2+2$
$=2\times\boxed{}=\boxed{}$

26 $5+5+5+5+5+5+5+5$
$=5\times\boxed{}=\boxed{}$

27 $2+2+2+2+2+2+2+2+2$
$=2\times\boxed{}=\boxed{}$

28 $5+5+5+5+5+5+5+5+5$
$=5\times\boxed{}=\boxed{}$

⏰ 빈 곳에 알맞은 수를 써넣으세요. (1~12)

1
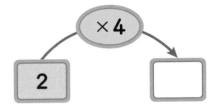

2 ×4 □

2
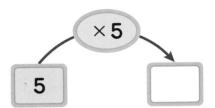

5 ×5 □

3
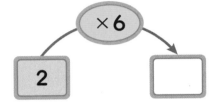

2 ×6 □

4
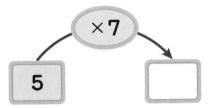

5 ×7 □

5
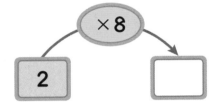

2 ×8 □

6
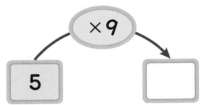

5 ×9 □

7
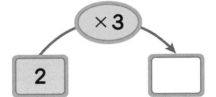

2 ×3 □

8
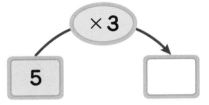

5 ×3 □

9
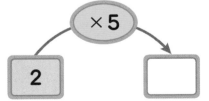

2 ×5 □

10
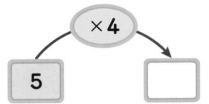

5 ×4 □

11
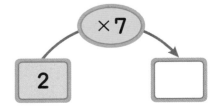

2 ×7 □

12
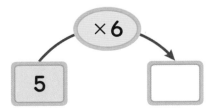

5 ×6 □

⏰ 계산을 하세요. (13 ~ 30)

13 $2 \times 1 =$

14 $5 \times 2 =$

15 $2 \times 3 =$

16 $5 \times 4 =$

17 $2 \times 5 =$

18 $5 \times 6 =$

19 $2 \times 7 =$

20 $5 \times 8 =$

21 $2 \times 9 =$

22 $5 \times 1 =$

23 $2 \times 2 =$

24 $5 \times 3 =$

25 $2 \times 4 =$

26 $5 \times 5 =$

27 $2 \times 6 =$

28 $5 \times 7 =$

29 $2 \times 8 =$

30 $5 \times 9 =$

3 3단, 6단 곱셈구구(1)

학습 날짜
월
일

⭐ 3단 곱셈구구

×	1	2	3	4	5	6	7	8	9
3	3	6	9	12	15	18	21	24	27

+3 +3 +3 +3 +3 +3 +3 +3

➡ **3**단 곱셈구구에서는 곱하는 수가 **1**씩 커지면 곱은 **3**씩 커집니다.

⭐ 6단 곱셈구구

×	1	2	3	4	5	6	7	8	9
6	6	12	18	24	30	36	42	48	54

+6 +6 +6 +6 +6 +6 +6 +6

➡ **6**단 곱셈구구에서는 곱하는 수가 **1**씩 커지면 곱은 **6**씩 커집니다.

⏰ 그림을 보고 □ 안에 알맞은 수를 써넣으세요. (1~4)

1      (배추의 수)=**3**×□=□

2   (연필의 수)=**3**×□=□

3   (토마토의 수)=**3**×□=□

4   (가지의 수)=**3**×□=□

⏰ 그림을 보고 ☐ 안에 알맞은 수를 써넣으세요. **(5 ~ 11)**

5

(점의 수)=$3 \times$ ☐ = ☐

6

(바퀴의 수)=$3 \times$ ☐ = ☐

7

(바나나의 수)=$6 \times$ ☐ = ☐

8

(귤의 수)=$6 \times$ ☐ = ☐

9

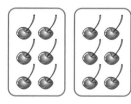  

(체리의 수)=$6 \times$ ☐ = ☐

10

(하트의 수)=$6 \times$ ☐ = ☐

11

(나뭇잎의 수)=$6 \times$ ☐ = ☐

⏰ □ 안에 알맞은 수를 써넣으세요. (1~12)

1
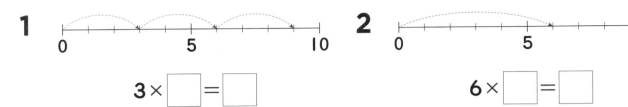

$3 \times \boxed{} = \boxed{}$

2
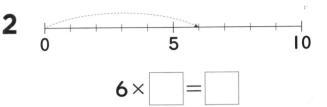

$6 \times \boxed{} = \boxed{}$

3

$3 \times \boxed{} = \boxed{}$

4
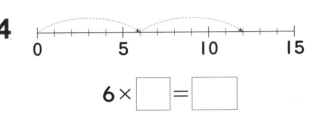

$6 \times \boxed{} = \boxed{}$

5
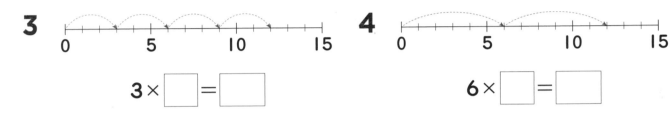

$3 \times \boxed{} = \boxed{}$

6
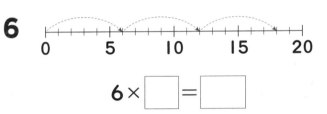

$6 \times \boxed{} = \boxed{}$

7
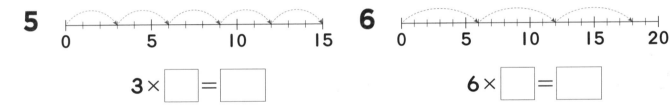

$3 \times \boxed{} = \boxed{}$

8
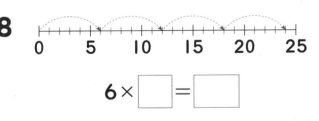

$6 \times \boxed{} = \boxed{}$

9
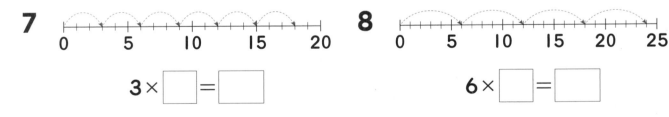

$3 \times \boxed{} = \boxed{}$

10
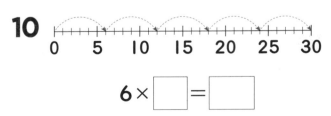

$6 \times \boxed{} = \boxed{}$

11
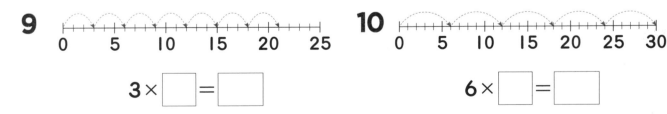

$3 \times \boxed{} = \boxed{}$

12
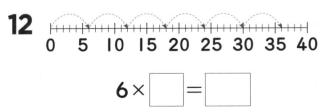

$6 \times \boxed{} = \boxed{}$

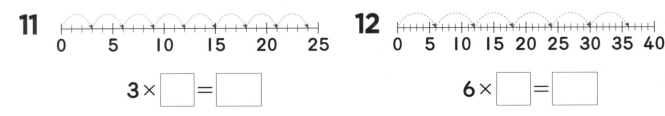

⏰ ☐ 안에 알맞은 수를 써넣으세요. (13 ~ 28)

13 $3+3=3\times\boxed{}=\boxed{}$

14 $6+6=6\times\boxed{}=\boxed{}$

15 $3+3+3=3\times\boxed{}=\boxed{}$

16 $6+6+6=6\times\boxed{}=\boxed{}$

17 $3+3+3+3=3\times\boxed{}=\boxed{}$

18 $6+6+6+6=6\times\boxed{}=\boxed{}$

19 $3+3+3+3+3$
$=3\times\boxed{}=\boxed{}$

20 $6+6+6+6+6$
$=6\times\boxed{}=\boxed{}$

21 $3+3+3+3+3+3$
$=3\times\boxed{}=\boxed{}$

22 $6+6+6+6+6+6$
$=6\times\boxed{}=\boxed{}$

23 $3+3+3+3+3+3+3$
$=3\times\boxed{}=\boxed{}$

24 $6+6+6+6+6+6+6$
$=6\times\boxed{}=\boxed{}$

25 $3+3+3+3+3+3+3+3$
$=3\times\boxed{}=\boxed{}$

26 $6+6+6+6+6+6+6+6$
$=6\times\boxed{}=\boxed{}$

27 $3+3+3+3+3+3+3+3+3$
$=3\times\boxed{}=\boxed{}$

28 $6+6+6+6+6+6+6+6+6$
$=6\times\boxed{}=\boxed{}$

3 3단, 6단 곱셈구구 (3)

학습 날짜

월 일

⏰ 빈 곳에 알맞은 수를 써넣으세요. (1~12)

1
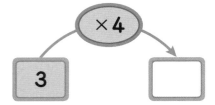

2
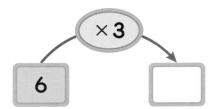

3
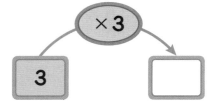

4
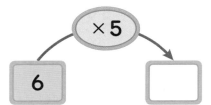

5
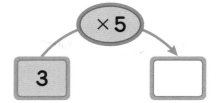

6
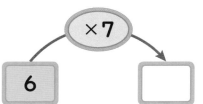

7
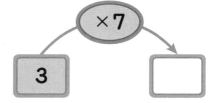

8
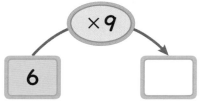

9
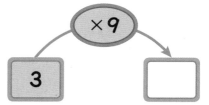

10
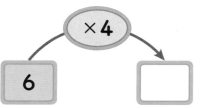

11
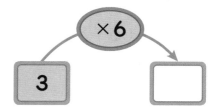

12
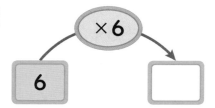

⏰ 계산을 하세요. (13 ~ 30)

13 $3 \times 1 =$ ☐

14 $6 \times 2 =$ ☐

15 $3 \times 3 =$ ☐

16 $6 \times 4 =$ ☐

17 $3 \times 5 =$ ☐

18 $6 \times 6 =$ ☐

19 $3 \times 7 =$ ☐

20 $6 \times 8 =$ ☐

21 $3 \times 9 =$ ☐

22 $6 \times 1 =$ ☐

23 $3 \times 2 =$ ☐

24 $6 \times 3 =$ ☐

25 $3 \times 4 =$ ☐

26 $6 \times 5 =$ ☐

27 $3 \times 6 =$ ☐

28 $6 \times 7 =$ ☐

29 $3 \times 8 =$ ☐

30 $6 \times 9 =$ ☐

4 4단, 8단 곱셈구구 (1)

⭐ **4단 곱셈구구**

×	1	2	3	4	5	6	7	8	9
4	4	8	12	16	20	24	28	32	36

+4 +4 +4 +4 +4 +4 +4 +4

➡ **4**단 곱셈구구에서는 곱하는 수가 **1**씩 커지면 곱은 **4**씩 커집니다.

⭐ **8단 곱셈구구**

×	1	2	3	4	5	6	7	8	9
8	8	16	24	32	40	48	56	64	72

+8 +8 +8 +8 +8 +8 +8 +8

➡ **8**단 곱셈구구에서는 곱하는 수가 **1**씩 커지면 곱은 **8**씩 커집니다.

🕐 그림을 보고 ☐ 안에 알맞은 수를 써넣으세요. (1~4)

1 　　　　　　(고추의 수)=4× ☐ = ☐

2   　　(감자의 수)=4× ☐ = ☐

3   　(사과의 수)=4× ☐ = ☐

4   　(마늘의 수)=4× ☐ = ☐

⏰ 그림을 보고 □ 안에 알맞은 수를 써넣으세요. (5 ~ 10)

5

(자동차 바퀴의 수)

$= 4 \times \boxed{} = \boxed{}$

6

(복숭아의 수) $= 8 \times \boxed{} = \boxed{}$

7

(도토리의 수) $= 8 \times \boxed{} = \boxed{}$

8

(딸기의 수) $= 8 \times \boxed{} = \boxed{}$

9

(사탕의 수) $= 8 \times \boxed{} = \boxed{}$

10

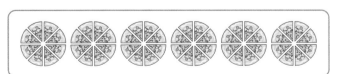

(피자 조각의 수)

$= 8 \times \boxed{} = \boxed{}$

4단, 8단 곱셈구구(2)

⏰ □ 안에 알맞은 수를 써넣으세요. (1~12)

1
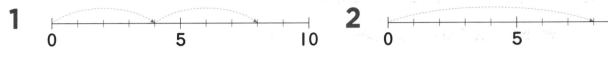

$4 \times \boxed{} = \boxed{}$

2
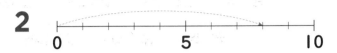

$8 \times \boxed{} = \boxed{}$

3

$4 \times \boxed{} = \boxed{}$

4
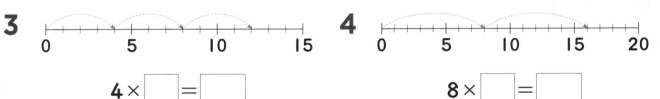

$8 \times \boxed{} = \boxed{}$

5
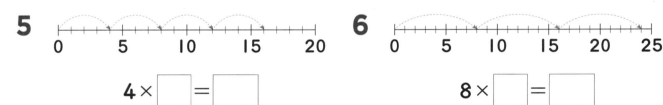

$4 \times \boxed{} = \boxed{}$

6
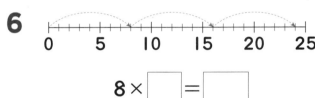

$8 \times \boxed{} = \boxed{}$

7
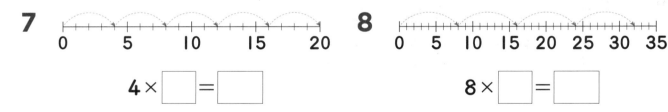

$4 \times \boxed{} = \boxed{}$

8
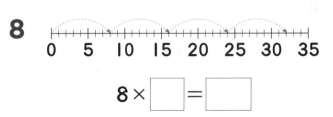

$8 \times \boxed{} = \boxed{}$

9
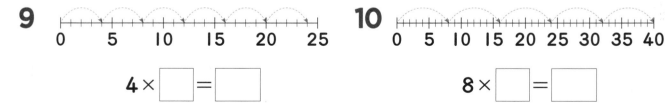

$4 \times \boxed{} = \boxed{}$

10
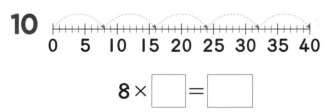

$8 \times \boxed{} = \boxed{}$

11
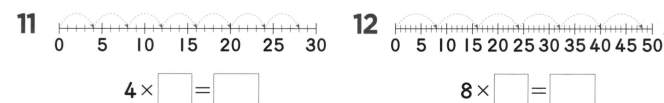

$4 \times \boxed{} = \boxed{}$

12
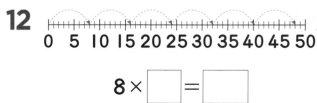

$8 \times \boxed{} = \boxed{}$

계산은 빠르고 정확하게!

걸린 시간	1~6분	6~9분	9~12분
맞은 개수	26~28개	20~25개	1~19개
평가	참 잘했어요.	잘했어요.	좀더 노력해요.

⏰ □ 안에 알맞은 수를 써넣으세요. (13 ~ 28)

13 $4+4=4\times\square=\square$

14 $8+8=8\times\square=\square$

15 $4+4+4=4\times\square=\square$

16 $8+8+8=8\times\square=\square$

17 $4+4+4+4=4\times\square=\square$

18 $8+8+8+8=8\times\square=\square$

19 $4+4+4+4+4$
$=4\times\square=\square$

20 $8+8+8+8+8$
$=8\times\square=\square$

21 $4+4+4+4+4+4$
$=4\times\square=\square$

22 $8+8+8+8+8+8$
$=8\times\square=\square$

23 $4+4+4+4+4+4+4$
$=4\times\square=\square$

24 $8+8+8+8+8+8+8$
$=8\times\square=\square$

25 $4+4+4+4+4+4+4+4$
$=4\times\square=\square$

26 $8+8+8+8+8+8+8+8$
$=8\times\square=\square$

27 $4+4+4+4+4+4+4+4+4$
$=4\times\square=\square$

28 $8+8+8+8+8+8+8+8+8$
$=8\times\square=\square$

🕐 빈 곳에 알맞은 수를 써넣으세요. (1~12)

1
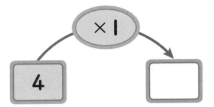

2
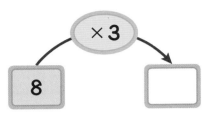

3
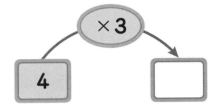

4
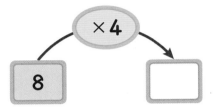

5
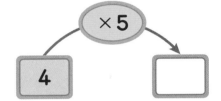

6
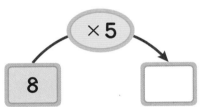

7
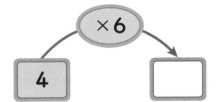

8
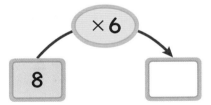

9
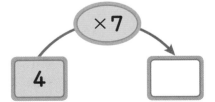

10
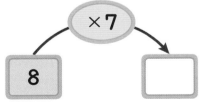

11
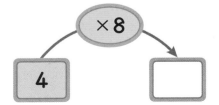

12
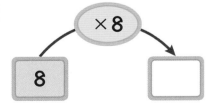

⏰ 계산을 하세요. (13~30)

13 $4 \times 3 =$ ☐

14 $8 \times 2 =$ ☐

15 $4 \times 5 =$ ☐

16 $8 \times 4 =$ ☐

17 $4 \times 7 =$ ☐

18 $8 \times 6 =$ ☐

19 $4 \times 9 =$ ☐

20 $8 \times 8 =$ ☐

21 $4 \times 1 =$ ☐

22 $8 \times 1 =$ ☐

23 $4 \times 4 =$ ☐

24 $8 \times 3 =$ ☐

25 $4 \times 6 =$ ☐

26 $8 \times 5 =$ ☐

27 $4 \times 8 =$ ☐

28 $8 \times 7 =$ ☐

29 $4 \times 2 =$ ☐

30 $8 \times 9 =$ ☐

5 7단, 9단 곱셈구구 (1)

학습 날짜
월
일

⭐ 7단 곱셈구구

×	1	2	3	4	5	6	7	8	9
7	7	14	21	28	35	42	49	56	63

+7 +7 +7 +7 +7 +7 +7 +7

➡ **7**단 곱셈구구에서는 곱하는 수가 **1**씩 커지면 곱은 **7**씩 커집니다.

⭐ 9단 곱셈구구

×	1	2	3	4	5	6	7	8	9
9	9	18	27	36	45	54	63	72	81

+9 +9 +9 +9 +9 +9 +9 +9

➡ **9**단 곱셈구구에서는 곱하는 수가 **1**씩 커지면 곱은 **9**씩 커집니다.

⏰ 그림을 보고 □ 안에 알맞은 수를 써넣으세요. (1~4)

1

(꽃의 수) = 7 × □ = □

2

(당근의 수) = 7 × □ = □

3

(사탕의 수) = 7 × □ = □

4

(곶감의 수) = 7 × □ = □

⏰ 그림을 보고 □ 안에 알맞은 수를 써넣으세요. (5 ~ 10)

5

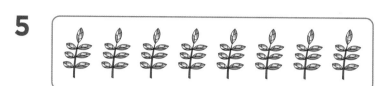

(나뭇잎의 수)=$7 \times$ ☐ $=$ ☐

6

(케이크 조각의 수)

$=9 \times$ ☐ $=$ ☐

7

(머핀의 수)=$9 \times$ ☐ $=$ ☐

8

(구슬의 수)=$9 \times$ ☐ $=$ ☐

9

(구슬의 수)=$9 \times$ ☐ $=$ ☐

10

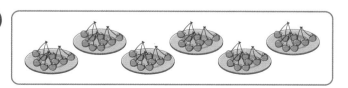

(체리의 수)=$9 \times$ ☐ $=$ ☐

5 7단, 9단 곱셈구구(2)

학습 날짜

월   일

⏰ □ 안에 알맞은 수를 써넣으세요. (1~8)

1
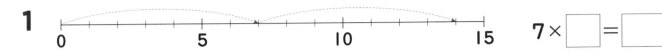
$7 \times \boxed{} = \boxed{}$

2
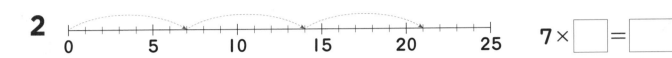
$7 \times \boxed{} = \boxed{}$

3

0   5   10   15   20   25   30

$7 \times \boxed{} = \boxed{}$

4

0   5   10   15   20   25   30   35

$7 \times \boxed{} = \boxed{}$

5
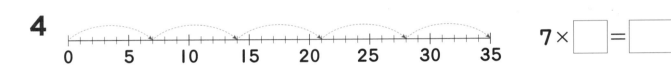
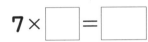
$9 \times \boxed{} = \boxed{}$

6

0   5   10   15   20

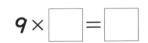
$9 \times \boxed{} = \boxed{}$

7

0   5   10   15   20   25   30

$9 \times \boxed{} = \boxed{}$

8

0   5   10   15   20   25   30   35   40

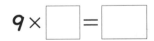
$9 \times \boxed{} = \boxed{}$

□ 안에 알맞은 수를 써넣으세요. (9 ~ 24)

9 $7+7=7\times\boxed{}=\boxed{}$

10 $9+9=9\times\boxed{}=\boxed{}$

11 $7+7+7=7\times\boxed{}=\boxed{}$

12 $9+9+9=9\times\boxed{}=\boxed{}$

13 $7+7+7+7=7\times\boxed{}=\boxed{}$

14 $9+9+9+9=9\times\boxed{}=\boxed{}$

15 $7+7+7+7+7$
$=7\times\boxed{}=\boxed{}$

16 $9+9+9+9+9$
$=9\times\boxed{}=\boxed{}$

17 $7+7+7+7+7+7$
$=7\times\boxed{}=\boxed{}$

18 $9+9+9+9+9+9$
$=9\times\boxed{}=\boxed{}$

19 $7+7+7+7+7+7+7$
$=7\times\boxed{}=\boxed{}$

20 $9+9+9+9+9+9+9$
$=9\times\boxed{}=\boxed{}$

21 $7+7+7+7+7+7+7+7$
$=7\times\boxed{}=\boxed{}$

22 $9+9+9+9+9+9+9+9$
$=9\times\boxed{}=\boxed{}$

23 $7+7+7+7+7+7+7+7+7$
$=7\times\boxed{}=\boxed{}$

24 $9+9+9+9+9+9+9+9+9$
$=9\times\boxed{}=\boxed{}$

학습 날짜

월   일

🕐 빈 곳에 알맞은 수를 써넣으세요. (1 ~ 12)

1
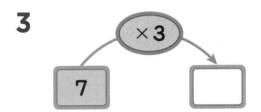

2
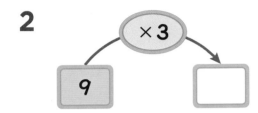

3
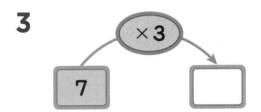

4
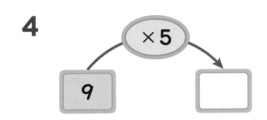

5
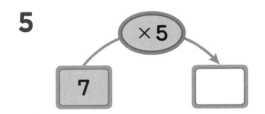

6
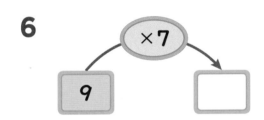

7
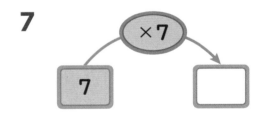

8
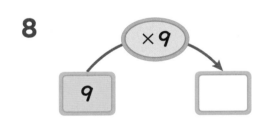

9
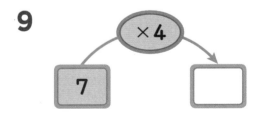

10
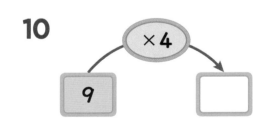

11
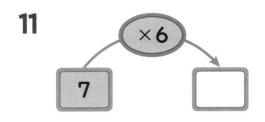

12
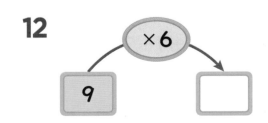

🕐 계산을 하세요. (13 ~ 30)

13 $7 \times 2 =$ ☐

14 $9 \times 1 =$ ☐

15 $7 \times 4 =$ ☐

16 $9 \times 3 =$ ☐

17 $7 \times 6 =$ ☐

18 $9 \times 5 =$ ☐

19 $7 \times 8 =$ ☐

20 $9 \times 7 =$ ☐

21 $7 \times 1 =$ ☐

22 $9 \times 9 =$ ☐

23 $7 \times 3 =$ ☐

24 $9 \times 2 =$ ☐

25 $7 \times 5 =$ ☐

26 $9 \times 4 =$ ☐

27 $7 \times 7 =$ ☐

28 $9 \times 6 =$ ☐

29 $7 \times 9 =$ ☐

30 $9 \times 8 =$ ☐

6 1단 곱셈구구와 0의 곱(1)

✨ 1단 곱셈구구

×	1	2	3	4	5	6	7	8	9
1	1	2	3	4	5	6	7	8	9

+1 +1 +1 +1 +1 +1 +1 +1

➡ 1과 어떤 수의 곱은 항상 어떤 수입니다.

➡ $1 \times \blacksquare = \blacksquare$

✨ 0의 곱 알아보기

×	1	2	3	4	5	6	7	8	9
0	0	0	0	0	0	0	0	0	0

➡ 0과 어떤 수, 어떤 수와 0의 곱은 항상 0입니다.

➡ $0 \times \blacksquare = 0$, $\blacksquare \times 0 = 0$

⏰ 그림을 보고 □ 안에 알맞은 수를 써넣으세요. (1~4)

1

(사탕의 수)=1 × □ = □

2

(인형의 수)=1 × □ = □

3

(케이크의 수)=1 × □ = □

4

(꽃의 수)=1 × □ = □

⏰ 그림을 보고 □ 안에 알맞은 수를 써넣으세요. (5 ~ 10)

5

(공의 수)= I × □ = □

6

(모자의 수)= I × □ = □

7

(피자 조각의 수)

= I × □ = □

8

(아이스크림의 수)

= I × □ = □

9

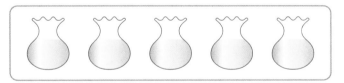

(물고기의 수)

= 0 × □ = □

10

(물고기의 수)

= 0 × □ = □

1단 곱셈구구와 0의 곱 (2)

⏰ 빈 곳에 알맞은 수를 써넣으세요. (1~12)

1
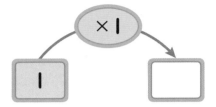

2
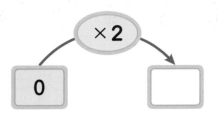

3
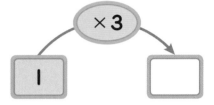

4
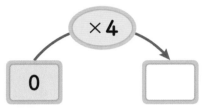

5
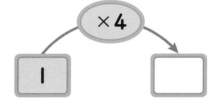

6
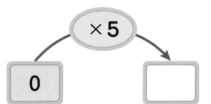

7
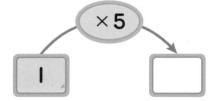

8
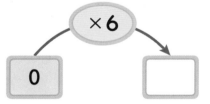

9
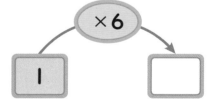

10
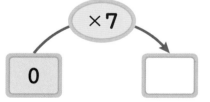

11
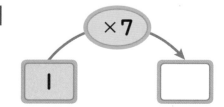

12
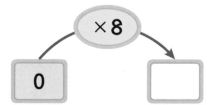

⏰ 계산을 하세요. (13 ~ 30)

13 $1 \times 2 =$ ☐

14 $0 \times 1 =$ ☐

15 $1 \times 4 =$ ☐

16 $0 \times 3 =$ ☐

17 $1 \times 6 =$ ☐

18 $0 \times 5 =$ ☐

19 $1 \times 8 =$ ☐

20 $0 \times 7 =$ ☐

21 $1 \times 1 =$ ☐

22 $0 \times 9 =$ ☐

23 $1 \times 3 =$ ☐

24 $0 \times 2 =$ ☐

25 $1 \times 5 =$ ☐

26 $0 \times 4 =$ ☐

27 $1 \times 7 =$ ☐

28 $0 \times 6 =$ ☐

29 $1 \times 9 =$ ☐

30 $0 \times 8 =$ ☐

7 곱셈표 만들기 (1)

×	1	2	3	4	5
1	1	2	3	4	⑤
2	2	4	6	8	10
3	3	6	9	12	15
4	4	8	12	16	20
5	5	10	15	20	25

- ⑤ 는 가로줄 5와 세로줄 1의 곱입니다. ➡ $1 \times 5 = 5$, $5 \times 1 = 5$
- ★의 단 곱셈구구에서는 곱이 ★씩 커집니다.
- 12 와 같이 곱하는 두 수의 순서를 바꾸어도 곱이 같습니다.
  ➡ $3 \times 4 =$ 12 , $4 \times 3 =$ 12

🕐 빈칸에 알맞은 수를 써넣으세요. (1~8)

1

×	1	2	3	4	5
1					

2

×	2	3	4	5	6
2					

3

×	3	4	5	6	7
3					

4

×	4	5	6	7	8
4					

5

×	1	2	3	4	5
5					

6

×	2	3	4	5	6
6					

7

×	3	4	5	6	7
7					

8

×	4	5	6	7	8
8					

계산은 빠르고 정확하게!

빈칸에 알맞은 수를 써넣으세요. (9~20)

9

×	2	3	4	5	6
0					

10

×	3	4	5	6	7
1					

11

×	4	5	6	7	8
2					

12

×	5	6	7	8	9
3					

13

×	1	2	3	4	5
4					

14

×	5	6	7	8	9
5					

15

×	5	6	7	8	9
6					

16

×	1	2	3	4	5
7					

17

×	2	3	4	5	6
8					

18

×	3	4	5	6	7
9					

19

×	4	5	6	7	8
7					

20

×	5	6	7	8	9
4					

학습 날짜

월   일

⏰ 빈칸에 알맞은 수를 써넣어 곱셈표를 완성하세요. (1~6)

1

×	1	2	3	4
2	2			
3		6	9	
4		8	12	
5	5			20

2

×	2	3	4	5
3		9		
4		12		20
5	10		20	
6	12		24	

3

×	3	4	5	6
4		16		
5		20	25	
6	18			36
7	21			

4

×	4	5	6	7
5	20	25		
6		30	36	
7			42	
8				56

5

×	5	6	7	8
6			42	
7	35			
8		48		64
9			63	

6

×	6	7	8	9
3				27
4		28	32	
5		35	40	
6	36			

계산은 빠르고 정확하게!

⏰ 빈칸에 알맞은 수를 써넣어 곱셈표를 완성하세요. (7 ~ 12)

7

×	1	2	3	4
6	6			
7		14		
8			24	
9				36

8

×	2	3	4	5
5				25
6			24	
7		21		
8	16			

9

×	3	4	5	6
5		20		
6		24		
7		28		
8			40	

10

×	4	5	6	7
6		30		
7			42	
8		40		56
9	36			

11

×	5	6	7	8
5		30		
6			42	
7	35			56
8		48		

12

×	6	7	8	9
6		42		
7				63
8		56		
9	54			

곱셈식에서 □의 값 구하기(1)

곱셈구구를 이용하여 □ 안에
알맞은 수를 구할 수 있습니다.

$3 \times 4 = 12$이므로

$3 \times \boxed{} = 12$ ➡ $\boxed{} = 4$

$\boxed{} \times 4 = 12$ ➡ $\boxed{} = 3$

$3 \times 4 = 12$ $4 \times 3 = 12$

➡ $3 \times 4 = 4 \times 3$

🕐 □ 안에 알맞은 수를 써넣으세요. (1~18)

1 $2 \times \boxed{} = 4$

2 $2 \times \boxed{} = 8$

3 $2 \times \boxed{} = 12$

4 $2 \times \boxed{} = 10$

5 $2 \times \boxed{} = 14$

6 $2 \times \boxed{} = 18$

7 $3 \times \boxed{} = 9$

8 $3 \times \boxed{} = 15$

9 $3 \times \boxed{} = 21$

10 $3 \times \boxed{} = 12$

11 $3 \times \boxed{} = 18$

12 $3 \times \boxed{} = 24$

13 $4 \times \boxed{} = 4$

14 $4 \times \boxed{} = 12$

15 $4 \times \boxed{} = 20$

16 $4 \times \boxed{} = 16$

17 $4 \times \boxed{} = 24$

18 $4 \times \boxed{} = 36$

⏰ □ 안에 알맞은 수를 써넣으세요. (19 ~ 48)

19 $5 \times \boxed{} = 10$

20 $5 \times \boxed{} = 20$

21 $5 \times \boxed{} = 30$

22 $5 \times \boxed{} = 25$

23 $5 \times \boxed{} = 35$

24 $5 \times \boxed{} = 40$

25 $6 \times \boxed{} = 6$

26 $6 \times \boxed{} = 18$

27 $6 \times \boxed{} = 30$

28 $6 \times \boxed{} = 36$

29 $6 \times \boxed{} = 48$

30 $6 \times \boxed{} = 54$

31 $7 \times \boxed{} = 21$

32 $7 \times \boxed{} = 35$

33 $7 \times \boxed{} = 49$

34 $7 \times \boxed{} = 28$

35 $7 \times \boxed{} = 42$

36 $7 \times \boxed{} = 56$

37 $8 \times \boxed{} = 16$

38 $8 \times \boxed{} = 32$

39 $8 \times \boxed{} = 48$

40 $8 \times \boxed{} = 40$

41 $8 \times \boxed{} = 56$

42 $8 \times \boxed{} = 72$

43 $9 \times \boxed{} = 27$

44 $9 \times \boxed{} = 36$

45 $9 \times \boxed{} = 45$

46 $9 \times \boxed{} = 54$

47 $9 \times \boxed{} = 63$

48 $9 \times \boxed{} = 72$

⏰ □ 안에 알맞은 수를 써넣으세요. (1~24)

1 $\boxed{} \times 2 = 6$　　　**2** $\boxed{} \times 2 = 10$　　　**3** $\boxed{} \times 2 = 12$

4 $\boxed{} \times 2 = 14$　　　**5** $\boxed{} \times 2 = 16$　　　**6** $\boxed{} \times 2 = 18$

7 $\boxed{} \times 3 = 9$　　　**8** $\boxed{} \times 3 = 15$　　　**9** $\boxed{} \times 3 = 18$

10 $\boxed{} \times 3 = 21$　　　**11** $\boxed{} \times 3 = 24$　　　**12** $\boxed{} \times 3 = 27$

13 $\boxed{} \times 4 = 8$　　　**14** $\boxed{} \times 4 = 12$　　　**15** $\boxed{} \times 4 = 20$

16 $\boxed{} \times 4 = 24$　　　**17** $\boxed{} \times 4 = 28$　　　**18** $\boxed{} \times 4 = 32$

19 $\boxed{} \times 5 = 15$　　　**20** $\boxed{} \times 5 = 20$　　　**21** $\boxed{} \times 5 = 25$

22 $\boxed{} \times 5 = 30$　　　**23** $\boxed{} \times 5 = 35$　　　**24** $\boxed{} \times 5 = 45$

⏰ ☐ 안에 알맞은 수를 써넣으세요. (25 ~ 48)

25 $\boxed{} \times 6 = 6$ **26** $\boxed{} \times 6 = 18$ **27** $\boxed{} \times 6 = 30$

28 $\boxed{} \times 6 = 24$ **29** $\boxed{} \times 6 = 36$ **30** $\boxed{} \times 6 = 48$

31 $\boxed{} \times 7 = 14$ **32** $\boxed{} \times 7 = 28$ **33** $\boxed{} \times 7 = 42$

34 $\boxed{} \times 7 = 35$ **35** $\boxed{} \times 7 = 49$ **36** $\boxed{} \times 7 = 63$

37 $\boxed{} \times 8 = 24$ **38** $\boxed{} \times 8 = 40$ **39** $\boxed{} \times 8 = 56$

40 $\boxed{} \times 8 = 32$ **41** $\boxed{} \times 8 = 48$ **42** $\boxed{} \times 8 = 72$

43 $\boxed{} \times 9 = 18$ **44** $\boxed{} \times 9 = 36$ **45** $\boxed{} \times 9 = 54$

46 $\boxed{} \times 9 = 45$ **47** $\boxed{} \times 9 = 63$ **48** $\boxed{} \times 9 = 81$

8 곱셈식에서 □의 값 구하기 (3)

학습 날짜

월   일

⏰ □ 안에 알맞은 수를 써넣으세요. (1 ~ 16)

1 $5 \times 4 = 4 \times \boxed{}$

2 $8 \times 9 = \boxed{} \times 8$

3 $6 \times 3 = 3 \times \boxed{}$

4 $7 \times 8 = \boxed{} \times 7$

5 $7 \times 2 = 2 \times \boxed{}$

6 $6 \times 7 = \boxed{} \times 6$

7 $9 \times 5 = 5 \times \boxed{}$

8 $5 \times 6 = \boxed{} \times 5$

9 $8 \times 4 = 4 \times \boxed{}$

10 $4 \times 5 = \boxed{} \times 4$

11 $7 \times 3 = 3 \times \boxed{}$

12 $3 \times 4 = \boxed{} \times 3$

13 $6 \times 7 = 7 \times \boxed{}$

14 $8 \times 5 = \boxed{} \times 8$

15 $7 \times 9 = 9 \times \boxed{}$

16 $6 \times 4 = \boxed{} \times 6$

⏰ ☐ 안에 알맞은 수를 써넣으세요. (17 ~ 32)

17 $\boxed{} \times 4 = 4 \times 9$

18 $2 \times \boxed{} = 8 \times 2$

19 $\boxed{} \times 5 = 5 \times 8$

20 $3 \times \boxed{} = 7 \times 3$

21 $\boxed{} \times 6 = 6 \times 7$

22 $4 \times \boxed{} = 9 \times 4$

23 $\boxed{} \times 5 = 5 \times 7$

24 $5 \times \boxed{} = 9 \times 5$

25 $\boxed{} \times 8 = 8 \times 3$

26 $6 \times \boxed{} = 8 \times 6$

27 $\boxed{} \times 9 = 9 \times 2$

28 $7 \times \boxed{} = 4 \times 7$

29 $\boxed{} \times 6 = 2 \times 9$

30 $6 \times \boxed{} = 3 \times 4$

31 $\boxed{} \times 2 = 4 \times 4$

32 $4 \times \boxed{} = 8 \times 3$

학습 날짜
월
일

⏰ 보기 에서 규칙을 찾아 빈칸에 알맞은 수를 써넣으세요. **(1~6)**

보기

2	6	3
	24	
2	4	2

1	4	4
	36	
3	9	3

1

2	8	4
	40	
5	5	1

2

6	6	1
	36	
2	6	3

3

3	6	2
	42	
7	7	1

4

3	6	2
	30	
5	5	1

5

2	8	4
	48	
2	6	3

6

3	9	3
	72	
2	8	4

걸린 시간	1~12분	12~18분	18~24분
맞은 개수	11~12개	8~10개	1~7개
평가	참 잘했어요.	잘했어요.	좀더 노력해요.

⏰ 빈칸에 알맞은 수를 써넣어 곱셈표를 완성하세요. (단, 색칠한 부분에는 한 자리 수를 넣습니다.) **(7~12)**

7

×			
2	8		
3		15	
5			30

8

×	2	4	5
			15
		24	
	18		

9

×		3	4
		12	
6	36		
		24	

10

×	2		
	6		
7			56
9		54	

11

×	7	5	
	14		
		30	
4			12

12

×		8	7
			14
		48	
4	36		

⏰ □ 안에 알맞은 수를 써넣으세요. (1~6)

1

➡ 5의 □ 배

➡ □ + □ + □ + □ = □

➡ 5 × □ = □

2

➡ 6의 □ 배

➡ □ + □ + □ + □ = □

➡ 6 × □ = □

3

➡ 3의 □ 배

➡ □ + □ + □ + □ + □ = □

➡ 3 × □ = □

4

➡ 4 × □ = □

➡ 3 × □ = □

5

➡ 6 × □ = □

➡ 3 × □ = □

6

➡ 7 × □ = □

➡ 4 × □ = □

🕐 빈칸에 알맞은 수를 써넣으세요. (7 ~ 13)

7

×	1	2	3	4	5	6	7	8	9
3	3		9		15		21		

8

×	0	1	2	3	4	5	6	7	8
4	0		8		16		24		

9

×	1	2	3	4	5	6	7	8	9
5		10		20		30		40	

10

×	0	1	2	3	4	5	6	7	8
6		6		18		30		42	

11

×	1	2	3	4	5	6	7	8	9
7		14		28		42		56	

12

×	0	1	2	3	4	5	6	7	8
8		8		24		40		56	

13

×	1	2	3	4	5	6	7	8	9
9	9		27		45		63		

⏰ □ 안에 알맞은 수를 써넣으세요. (14 ~ 41)

14 $2 \times \boxed{} = 6$ **15** $2 \times \boxed{} = 10$ **16** $2 \times \boxed{} = 14$

17 $3 \times \boxed{} = 12$ **18** $3 \times \boxed{} = 21$ **19** $3 \times \boxed{} = 27$

20 $5 \times \boxed{} = 15$ **21** $5 \times \boxed{} = 30$ **22** $5 \times \boxed{} = 40$

23 $7 \times \boxed{} = 49$ **24** $7 \times \boxed{} = 42$ **25** $7 \times \boxed{} = 56$

26 $\boxed{} \times 4 = 20$ **27** $\boxed{} \times 4 = 28$ **28** $\boxed{} \times 4 = 36$

29 $\boxed{} \times 6 = 18$ **30** $\boxed{} \times 6 = 42$ **31** $\boxed{} \times 6 = 54$

32 $\boxed{} \times 8 = 16$ **33** $\boxed{} \times 8 = 40$ **34** $\boxed{} \times 8 = 64$

35 $\boxed{} \times 6 = 36$ **36** $\boxed{} \times 9 = 54$ **37** $\boxed{} \times 9 = 72$

38 $7 \times 5 = 5 \times \boxed{}$ **39** $4 \times 6 = 6 \times \boxed{}$

40 $8 \times \boxed{} = 4 \times 8$ **41** $9 \times \boxed{} = 3 \times 9$

2

길이의 계산

1 cm보다 더 큰 단위 알아보기

⭐ 1 m 알아보기

1 m

· 100 cm를 1미터라고 합니다.

· 1미터는 1 m라고 씁니다.

100 cm = 1 m

⭐ 몇 m 몇 cm 알아보기

· 168 cm는 1 m보다 68 cm 더 깁니다.

· 168 cm는 1 m 68 cm라고도 씁니다.

· 1 m 68 cm를 1미터 68센티미터라고 읽습니다.

168 cm = 1 m 68 cm

⏰ ☐ 안에 알맞은 수나 말을 써넣으세요. (1~6)

1 식탁의 가로의 길이는 150 cm입니다.

150 cm는 100 cm보다 ☐ cm 더 깁니다.

➡ 식탁의 가로의 길이는 1 m보다 ☐ cm 더 깁니다.

2 150 cm = ☐ cm + 50 cm = ☐ m + 50 cm = ☐ m 50 cm

3 1 m 50 cm는 1 ☐ 50 ☐ 라고 읽습니다.

4 유승이의 키는 138 cm입니다.

138 cm는 100 cm보다 ☐ cm 더 깁니다.

➡ 유승이의 키는 1 m보다 ☐ cm 더 깁니다.

5 138 cm = ☐ cm + ☐ cm = ☐ m + ☐ cm = ☐ m ☐ cm

6 1 m 38 cm는 1 ☐ 38 ☐ 라고 읽습니다.

⏰ □ 안에 알맞은 수를 써넣으세요. (7 ~ 26)

7 3 m = □ cm

8 245 cm = □ m □ cm

9 5 m = □ cm

10 360 cm = □ m □ cm

11 6 m = □ cm

12 539 cm = □ m □ cm

13 8 m = □ cm

14 723 cm = □ m □ cm

15 9 m = □ cm

16 675 cm = □ m □ cm

17 □ m = 200 cm

18 □ cm = 2 m 56 cm

19 □ m = 400 cm

20 □ cm = 4 m 50 cm

21 □ m = 600 cm

22 □ cm = 5 m 75 cm

23 □ m = 700 cm

24 □ cm = 8 m 4 cm

25 □ m = 900 cm

26 □ cm = 7 m 7 cm

2 받아올림이 없는 길이의 합(1)

> ⭐ 1 m 35 cm+2 m 23 cm의 계산
>
> cm는 cm끼리, m는 m끼리 더합니다.
>
> 〈세로셈〉
>
> | | 1 | m | 35 | cm |
> |---|---|---|----|----|
> | + | 2 | m | 23 | cm |
> | | 3 | m | 58 | cm |
>
> 〈가로셈〉
>
> 35+23=58
>
> 1 m 35 cm+2 m 23 cm=3 m 58 cm
>
> 1+2=3

⏰ 길이의 합을 구하세요. (1~8)

1

	2	m	40	cm
+	3	m	10	cm
		m		cm

2

	3	m	30	cm
+	4	m	50	cm
		m		cm

3

	3	m	54	cm
+	5	m	23	cm
		m		cm

4

	3	m	52	cm
+	3	m	27	cm
		m		cm

5

	3	m	35	cm
+	4	m	24	cm
		m		cm

6

	5	m	55	cm
+	4	m	33	cm
		m		cm

7

	2	m	36	cm
+	4	m	42	cm
		m		cm

8

	4	m	47	cm
+	5	m	51	cm
		m		cm

⏰ ☐ 안에 알맞은 수를 써넣으세요. (9 ~ 20)

9
```
    4  m   50  cm
 +  2  m   10  cm
 ─────────────────
  [  ] m  [  ] cm
```

10
```
    5  m   30  cm
 +  3  m   40  cm
 ─────────────────
  [  ] m  [  ] cm
```

11
```
    4  m   57  cm
 +  3  m   20  cm
 ─────────────────
  [  ] m  [  ] cm
```

12
```
    3  m   33  cm
 +  2  m   24  cm
 ─────────────────
  [  ] m  [  ] cm
```

13
```
    6  m   12  cm
 +  1  m   55  cm
 ─────────────────
  [  ] m  [  ] cm
```

14
```
    3  m   24  cm
 +  2  m   64  cm
 ─────────────────
  [  ] m  [  ] cm
```

15
```
    5  m   27  cm
 +  3  m   42  cm
 ─────────────────
  [  ] m  [  ] cm
```

16
```
    4  m   38  cm
 +  5  m   25  cm
 ─────────────────
  [  ] m  [  ] cm
```

17
```
    3  m   43  cm
 +  5  m   19  cm
 ─────────────────
  [  ] m  [  ] cm
```

18
```
    4  m   29  cm
 +  4  m   45  cm
 ─────────────────
  [  ] m  [  ] cm
```

19
```
    6  m   58  cm
 +  2  m   14  cm
 ─────────────────
  [  ] m  [  ] cm
```

20
```
    7  m   26  cm
 +  2  m   64  cm
 ─────────────────
  [  ] m  [  ] cm
```

⏰ ☐ 안에 알맞은 수를 써넣으세요. (1~12)

1 4 m 20 cm + 2 m 30 cm
= 6 m ☐ cm

2 2 m 20 cm + 3 m 52 cm
= ☐ m 72 cm

3 4 m 29 cm + 3 m 40 cm
= ☐ m ☐ cm

4 4 m 23 cm + 2 m 25 cm
= ☐ m ☐ cm

5 6 m 24 cm + 2 m 36 cm
= ☐ m ☐ cm

6 3 m 26 cm + 5 m 43 cm
= ☐ m ☐ cm

7 3 m 42 cm + 3 m 42 cm
= ☐ m ☐ cm

8 5 m 53 cm + 2 m 35 cm
= ☐ m ☐ cm

9 6 m 37 cm + 2 m 35 cm
= ☐ m ☐ cm

10 5 m 47 cm + 2 m 44 cm
= ☐ m ☐ cm

11 4 m 36 cm + 5 m 49 cm
= ☐ m ☐ cm

12 7 m 54 cm + 2 m 28 cm
= ☐ m ☐ cm

계산은 빠르고 정확하게!

걸린 시간	1~5분	5~8분	8~10분
맞은 개수	20~22개	16~19개	1~15개
평가	참 잘했어요.	잘했어요.	좀더 노력해요.

⏰ 빈 곳에 알맞은 길이를 써넣으세요. (13 ~ 22)

13

+1 m 20 cm

3 m 10 cm

14

+4 m 30 cm

2 m 50 cm

15

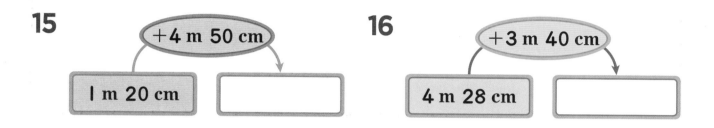

+4 m 50 cm

1 m 20 cm

16

+3 m 40 cm

4 m 28 cm

17

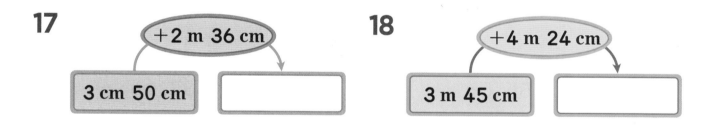

+2 m 36 cm

3 cm 50 cm

18

+4 m 24 cm

3 m 45 cm

19

+3 m 52 cm

4 m 26 cm

20

+4 m 45 cm

3 m 45 cm

21

+3 m 25 cm

4 m 46 cm

22

+6 m 39 cm

2 m 27 cm

3 받아올림이 있는 길이의 합(1)

⭐ 1 m 46 cm＋2 m 85 cm의 계산

• cm는 cm끼리, m는 m끼리 더합니다.

• 1 m＝100 cm이므로 cm끼리의 합이 100이거나 100보다 크면 100 cm를 1 m로 받아올림합니다.

〈세로셈〉

	1			
	1	m	46	cm
＋	2	m	85	cm
	4	m	31	cm

〈가로셈〉

46＋85＝131

1 m 46 cm＋2 m 85 cm＝3 m 131 cm
＝4 m 31 cm

1＋2＝3

⏰ 길이의 합을 구하세요. (1~6)

1

	1	m	66	cm
＋	3	m	55	cm
		m		cm

2

	3	m	85	cm
＋	2	m	37	cm
		m		cm

3

	2	m	78	cm
＋	5	m	54	cm
		m		cm

4

	4	m	59	cm
＋	2	m	76	cm
		m		cm

5

	4	m	95	cm
＋	2	m	29	cm
		m		cm

6

	5	m	47	cm
＋	3	m	68	cm
		m		cm

□ 안에 알맞은 수를 써넣으세요. (7 ~ 18)

7

    1 m   36 cm
+ 1 m   74 cm

□ m □ cm

8

    2 m   58 cm
+ 1 m   62 cm

□ m □ cm

9

    3 m   66 cm
+ 4 m   88 cm

□ m □ cm

10

    4 m   74 cm
+ 2 m   39 cm

□ m □ cm

11

    5 m   27 cm
+ 2 m   83 cm

□ m □ cm

12

    6 m   35 cm
+ 1 m   95 cm

□ m □ cm

13

    3 m   54 cm
+ 2 m   77 cm

□ m □ cm

14

    4 m   96 cm
+ 4 m   55 cm

□ m □ cm

15

    5 m   55 cm
+ 7 m   77 cm

□ m □ cm

16

    8 m   32 cm
+ 4 m   75 cm

□ m □ cm

17

    9 m   84 cm
+ 2 m   76 cm

□ m □ cm

18

    5 m   78 cm
+ 9 m   67 cm

□ m □ cm

3 받아올림이 있는 길이의 합 (2)

⏰ □ 안에 알맞은 수를 써넣으세요. (1~12)

1 2 m 85 cm＋2 m 42 cm
= ☐ m 27 cm

2 3 m 36 cm＋3 m 87 cm
=7 m ☐ cm

3 3 m 68 cm＋2 m 84 cm
= ☐ m ☐ cm

4 3 m 52 cm＋5 m 78 cm
= ☐ m ☐ cm

5 3 m 54 cm＋4 m 72 cm
= ☐ m ☐ cm

6 6 m 94 cm＋2 m 88 cm
= ☐ m ☐ cm

7 4 m 48 cm＋8 m 85 cm
= ☐ m ☐ cm

8 7 m 38 cm＋4 m 94 cm
= ☐ m ☐ cm

9 6 m 59 cm＋7 m 86 cm
= ☐ m ☐ cm

10 9 m 74 cm＋8 m 56 cm
= ☐ m ☐ cm

11 8 m 36 cm＋84 cm
= ☐ m ☐ cm

12 76 cm＋4 m 88 cm
= ☐ m ☐ cm

계산은 빠르고 정확하게!

걸린 시간	1~6분	6~9분	9~12분
맞은 개수	20~22개	16~19개	1~15개
평가	참 잘했어요.	잘했어요.	좀더 노력해요.

⏰ 빈 곳에 알맞은 길이를 써넣으세요. (13 ~ 22)

13

+1 m 50 cm
2 m 60 cm

14
+4 m 85 cm
1 m 70 cm

15
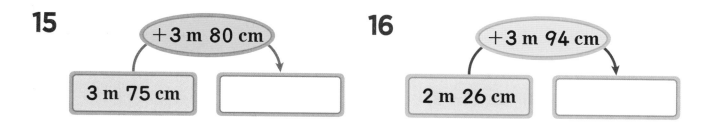
+3 m 80 cm
3 m 75 cm

16
+3 m 94 cm
2 m 26 cm

17

+4 m 55 cm
3 m 65 cm

18
+4 m 84 cm
3 m 50 cm

19

+2 m 75 cm
4 m 64 cm

20
+1 m 97 cm
5 m 35 cm

21

+3 m 89 cm
4 m 45 cm

22
+5 m 39 cm
7 m 84 cm

4 받아내림이 없는 길이의 차(1)

⭐ 2 m 85 cm − 1 m 23 cm의 계산

• cm는 cm끼리, m는 m끼리 뺍니다.

〈세로셈〉

	2	m	85	cm
−	1	m	23	cm
	1	m	62	cm

〈가로셈〉

85−23=62

2 m 85 cm − 1 m 23 cm = 1 m 62 cm

2−1=1

⏰ 길이의 차를 구하세요. (1~8)

1

	4	m	60	cm
−	2	m	35	cm
		m		cm

2

	8	m	69	cm
−	5	m	43	cm
		m		cm

3

	3	m	54	cm
−	1	m	32	cm
		m		cm

4

	9	m	95	cm
−	2	m	53	cm
		m		cm

5

	8	m	70	cm
−	2	m	12	cm
		m		cm

6

	5	m	82	cm
−	2	m	64	cm
		m		cm

7

	7	m	63	cm
−	3	m	45	cm
		m		cm

8

	6	m	45	cm
−	2	m	24	cm
		m		cm

⏰ □ 안에 알맞은 수를 써넣으세요. (9 ~ 20)

9　　5 m　80 cm
　　− 2 m　30 cm
　　　□ m　□ cm

10　　7 m　45 cm
　　− 6 m　10 cm
　　　□ m　□ cm

11　　4 m　50 cm
　　− 2 m　15 cm
　　　□ m　□ cm

12　　6 m　98 cm
　　− 2 m　45 cm
　　　□ m　□ cm

13　　8 m　87 cm
　　− 3 m　22 cm
　　　□ m　□ cm

14　　5 m　68 cm
　　− 1 m　42 cm
　　　□ m　□ cm

15　　9 m　86 cm
　　− 2 m　48 cm
　　　□ m　□ cm

16　　7 m　57 cm
　　− 3 m　26 cm
　　　□ m　□ cm

17　　8 m　83 cm
　　− 3 m　28 cm
　　　□ m　□ cm

18　　9 m　62 cm
　　− 5 m　36 cm
　　　□ m　□ cm

19　　12 m　43 cm
　　− 7 m　26 cm
　　　□ m　□ cm

20　　15 m　72 cm
　　− 9 m　34 cm
　　　□ m　□ cm

⏰ □ 안에 알맞은 수를 써넣으세요. (1~12)

1 6 m 28 cm − 3 m 10 cm
= ☐ m ☐ cm

2 5 m 42 cm − 2 m 12 cm
= ☐ m ☐ cm

3 8 m 48 cm − 4 m 25 cm
= ☐ m ☐ cm

4 6 m 85 cm − 2 m 43 cm
= ☐ m ☐ cm

5 6 m 36 cm − 3 m 25 cm
= ☐ m ☐ cm

6 9 m 75 cm − 2 m 44 cm
= ☐ m ☐ cm

7 7 m 47 cm − 2 m 33 cm
= ☐ m ☐ cm

8 8 m 65 cm − 3 m 34 cm
= ☐ m ☐ cm

9 8 m 52 cm − 6 m 35 cm
= ☐ m ☐ cm

10 3 m 72 cm − 2 m 38 cm
= ☐ m ☐ cm

11 12 m 45 cm − 7 m 27 cm
= ☐ m ☐ cm

12 15 m 84 cm − 9 m 37 cm
= ☐ m ☐ cm

계산은 빠르고 정확하게!

걸린 시간	1~6분	6~9분	9~12분
맞은 개수	20~22개	16~19개	1~15개
평가	참 잘했어요.	잘했어요.	좀더 노력해요.

⏰ 빈 곳에 알맞은 길이를 써넣으세요. (13 ~ 22)

13
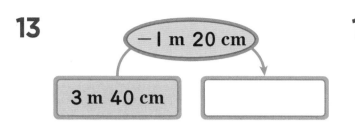

14
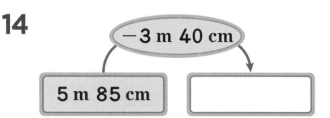

15
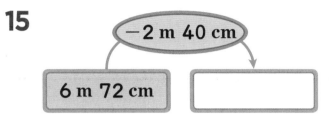

16
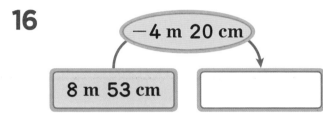

17
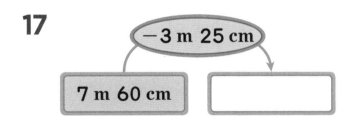

18
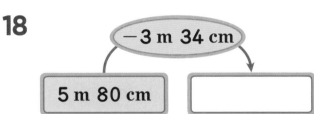

19
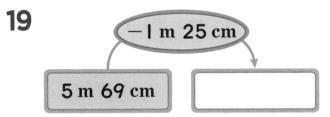

20
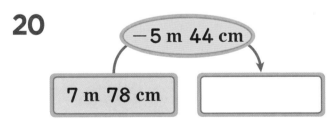

21
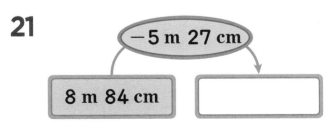

22
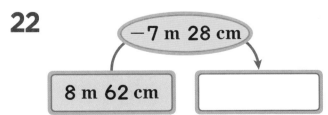

5 받아내림이 있는 길이의 차(1)

⭐ 4 m 24 cm − 2 m 52 cm의 계산

• cm는 cm끼리, m는 m끼리 계산합니다.

• cm끼리 뺄 수 없으면 1 m를 100 cm로 받아내림합니다.

〈세로셈〉

	3		100	
	4̶	m	24	cm
−	2	m	52	cm
	1	m	72	cm

〈가로셈〉

4 m 24 cm − 2 m 52 cm
= 3 m 124 cm − 2 m 52 cm
= 1 m 72 cm

⏰ 길이의 합을 구하세요. (1~6)

1

	8	m	30	cm
−	3	m	90	cm
		m		cm

2

	5	m	50	cm
−	2	m	60	cm
		m		cm

3

	8	m	50	cm
−	2	m	89	cm
		m		cm

4

	9	m	35	cm
−	2	m	70	cm
		m		cm

5

	4	m	24	cm
−	2	m	58	cm
		m		cm

6

	5	m	35	cm
−	2	m	98	cm
		m		cm

걸린 시간	1~5분	5~8분	8~10분
맞은 개수	17~18개	13~16개	1~12개
평가	참 잘했어요.	잘했어요.	좀더 노력해요.

□ 안에 알맞은 수를 써넣으세요. (7 ~ 18)

7
6 m 60 cm
− 2 m 80 cm
□ m □ cm

8
9 m 30 cm
− 6 m 70 cm
□ m □ cm

9
4 m 25 cm
− 2 m 50 cm
□ m □ cm

10
6 m 58 cm
− 2 m 80 cm
□ m □ cm

11
8 m 60 cm
− 3 m 72 cm
□ m □ cm

12
5 m 20 cm
− 3 m 42 cm
□ m □ cm

13
9 m 37 cm
− 2 m 45 cm
□ m □ cm

14
7 m 45 cm
− 3 m 86 cm
□ m □ cm

15
8 m 35 cm
− 3 m 68 cm
□ m □ cm

16
9 m 62 cm
− 5 m 85 cm
□ m □ cm

17
7 m 26 cm
− 3 m 59 cm
□ m □ cm

18
8 m 54 cm
− 2 m 75 cm
□ m □ cm

5 받아내림이 있는 길이의 차(2)

⏰ ☐ 안에 알맞은 수를 써넣으세요. (1~12)

1 7 m 34 cm − 2 m 80 cm
= ☐ m ☐ cm

2 6 m 15 cm − 2 m 70 cm
= ☐ m ☐ cm

3 4 m 50 cm − 1 m 65 cm
= ☐ m ☐ cm

4 6 m 40 cm − 4 m 78 cm
= ☐ m ☐ cm

5 5 m 48 cm − 3 m 72 cm
= ☐ m ☐ cm

6 6 m 38 cm − 2 m 94 cm
= ☐ m ☐ cm

7 8 m 28 cm − 4 m 39 cm
= ☐ m ☐ cm

8 8 m 83 cm − 3 m 97 cm
= ☐ m ☐ cm

9 5 m 26 cm − 2 m 55 cm
= ☐ m ☐ cm

10 7 m 52 cm − 5 m 69 cm
= ☐ m ☐ cm

11 14 m 32 cm − 8 m 67 cm
= ☐ m ☐ cm

12 15 m 64 cm − 7 m 77 cm
= ☐ m ☐ cm

⏰ 빈 곳에 알맞은 길이를 써넣으세요. (13 ~ 22)

13

−1 m 85 cm
4 m 55 cm

14
−2 m 54 cm
8 m 20 cm

15
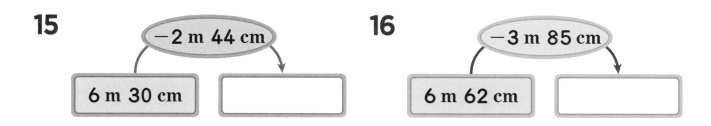
−2 m 44 cm
6 m 30 cm

16
−3 m 85 cm
6 m 62 cm

17
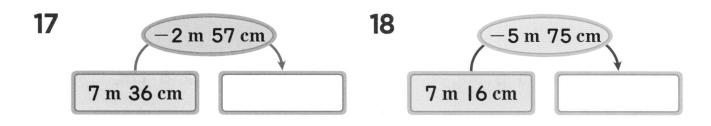
−2 m 57 cm
7 m 36 cm

18
−5 m 75 cm
7 m 16 cm

19

−3 m 59 cm
9 m 45 cm

20
−4 m 63 cm
8 m 25 cm

21

−4 m 36 cm
8 m 22 cm

22
−6 m 99 cm
9 m 67 cm

⏰ ☐ 안에 알맞은 수를 써넣으세요. (1~9)

1

```
    6 m ☐ cm
+   2 m  2 8 cm
─────────────
  ☐ m  5 2 cm
```

2

```
    4 m ☐ cm
+   3 m  3 5 cm
─────────────
  ☐ m  8 0 cm
```

3   3 m ☐ cm + 4 m 56 cm = ☐ m 85 cm

4

```
  ☐ m  9 0 cm
+   3 m ☐ cm
─────────────
    9 m  6 5 cm
```

5

```
  ☐ m  3 7 cm
+   5 m ☐ cm
─────────────
    8 m  2 6 cm
```

6   ☐ m 58 cm + 4 m ☐ cm = 9 m 35 cm

7

```
    8 m ☐ cm
+ ☐ m  8 5 cm
─────────────
  1 3 m  7 3 cm
```

8

```
    8 m ☐ cm
+ ☐ m  4 9 cm
─────────────
  1 5 m  4 4 cm
```

9   9 m ☐ cm + ☐ m 66 cm = 17 m 55 cm

걸린 시간	1~10분	10~15분	15~20분
맞은 개수	17~18개	13~16개	1~12개
평가	참 잘했어요.	잘했어요.	좀더 노력해요.

⏰ ☐ 안에 알맞은 수를 써넣으세요. (10 ~ 18)

10

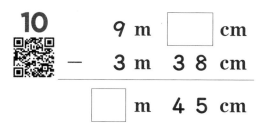

```
    9 m  ☐ cm
  - 3 m 3 8 cm
  ─────────────
    ☐ m 4 5 cm
```

11

```
  1 3 m  ☐ cm
  - 8 m 4 8 cm
  ─────────────
    ☐ m 3 7 cm
```

12 8 m ☐ cm − 2 m 36 cm = ☐ m 16 cm

13

```
    ☐ m 3 3 cm
  - 2 m  ☐ cm
  ─────────────
    5 m 4 8 cm
```

14

```
    ☐ m 4 1 cm
  - 2 m  ☐ cm
  ─────────────
    6 m 7 3 cm
```

15 ☐ m 60 cm − 4 m ☐ cm = 3 m 78 cm

16

```
    8 m  ☐ cm
  - ☐ m 7 5 cm
  ─────────────
    5 m 4 5 cm
```

17

```
  1 5 m  ☐ cm
  - ☐ m 5 6 cm
  ─────────────
    9 m 7 4 cm
```

18 1 2 m ☐ cm − ☐ m 52 cm = 8 m 68 cm

확인 평가

⏰ ☐ 안에 알맞은 수를 써넣으세요. (1~14)

1 1 m = ☐ cm

2 3 m = ☐ cm

3 5 m = ☐ cm

4 7 m = ☐ cm

5 125 cm = ☐ m ☐ cm

6 240 cm = ☐ m ☐ cm

7 345 cm = ☐ m ☐ cm

8 450 cm = ☐ m ☐ cm

9
```
    3 m   24 cm
+   2 m   33 cm
────────────────
  ☐ m  ☐ cm
```

10
```
    4 m   50 cm
+   2 m   35 cm
────────────────
  ☐ m  ☐ cm
```

11
```
    5 m   44 cm
+   8 m   39 cm
────────────────
  ☐ m  ☐ cm
```

12
```
    7 m   29 cm
+   5 m   36 cm
────────────────
  ☐ m  ☐ cm
```

13 4 m 35 cm + 2 m 50 cm
= ☐ m ☐ cm

14 8 m 43 cm + 6 m 27 cm
= ☐ m ☐ cm

 □ 안에 알맞은 수를 써넣으세요. (15 ~ 26)

15
$$\begin{array}{r} 1 \text{ m} \quad 60 \text{ cm} \\ + \quad 2 \text{ m} \quad 57 \text{ cm} \\ \hline \square \text{ m} \quad \square \text{ cm} \end{array}$$

16
$$\begin{array}{r} 2 \text{ m} \quad 75 \text{ cm} \\ + \quad 3 \text{ m} \quad 80 \text{ cm} \\ \hline \square \text{ m} \quad \square \text{ cm} \end{array}$$

17
$$\begin{array}{r} 8 \text{ m} \quad 47 \text{ cm} \\ + \quad 4 \text{ m} \quad 68 \text{ cm} \\ \hline \square \text{ m} \quad \square \text{ cm} \end{array}$$

18
$$\begin{array}{r} 7 \text{ m} \quad 85 \text{ cm} \\ + \quad 6 \text{ m} \quad 48 \text{ cm} \\ \hline \square \text{ m} \quad \square \text{ cm} \end{array}$$

19 3 m 50 cm + 4 m 75 cm
= □ m □ cm

20 8 m 43 cm + 6 m 27 cm
= □ m □ cm

21 6 m 49 cm + 6 m 86 cm
= □ m □ cm

22 5 m 55 cm + 6 m 66 cm
= □ m □ cm

23
$$\begin{array}{r} 7 \text{ m} \quad 54 \text{ cm} \\ - \quad 2 \text{ m} \quad 32 \text{ cm} \\ \hline \square \text{ m} \quad \square \text{ cm} \end{array}$$

24
$$\begin{array}{r} 5 \text{ m} \quad 42 \text{ cm} \\ - \quad 1 \text{ m} \quad 29 \text{ cm} \\ \hline \square \text{ m} \quad \square \text{ cm} \end{array}$$

25
$$\begin{array}{r} 9 \text{ m} \quad 89 \text{ cm} \\ - \quad 3 \text{ m} \quad 52 \text{ cm} \\ \hline \square \text{ m} \quad \square \text{ cm} \end{array}$$

26
$$\begin{array}{r} 8 \text{ m} \quad 74 \text{ cm} \\ - \quad 3 \text{ m} \quad 58 \text{ cm} \\ \hline \square \text{ m} \quad \square \text{ cm} \end{array}$$

⏰ □ 안에 알맞은 수를 써넣으세요. (27 ~ 38)

27 7 m 52 cm − 2 m 30 cm
= □ m □ cm

28 9 m 70 cm − 4 m 25 cm
= □ m □ cm

29
   8 m   30 cm
− 2 m   50 cm
□ m □ cm

30
   7 m   50 cm
− 4 m   90 cm
□ m □ cm

31
   9 m   60 cm
− 4 m   85 cm
□ m □ cm

32
   6 m   42 cm
− 3 m   76 cm
□ m □ cm

33
12 m   36 cm
− 4 m   58 cm
□ m □ cm

34
15 m   27 cm
− 8 m   85 cm
□ m □ cm

35 7 m 35 cm − 2 m 70 cm
= □ m □ cm

36 9 m 24 cm − 5 m 78 cm
= □ m □ cm

37 11 m 40 cm − 5 m 63 cm
= □ m □ cm

38 14 m 38 cm − 8 m 59 cm
= □ m □ cm

3

시각과 시간

1 몇 시 몇 분 알아보기(1)

⭐ **시각 알아보기**

- 시계에서 긴바늘이 숫자 **1**, **2**, **3**, …을 가리키면 각각 **5**분, **10**분, **15**분, …을 나타냅니다.
- 오른쪽 시계가 나타내는 시각은 **3**시 **40**분입니다.

1 시계의 긴바늘이 가리키는 숫자에 따라 빈칸에 알맞은 수를 써넣으세요.

숫자	1	2	3	4	5	6	7	8	9	10	11	12
분	5	10		20		30	35					0

2 오른쪽 시계는 영수가 일어난 시각을 나타낸 것입니다.
□ 안에 알맞은 수를 써넣으세요.

(1) 시계의 긴바늘은 숫자 □ 를 가리키고 있습니다.

(2) 시계의 짧은바늘은 숫자 □ 과 □ 사이에 있습니다.

(3) 영수가 일어난 시각은 □ 시 □ 분입니다.

3 유승이는 학교 수업을 마치고 집에 **1**시 **35**분에 도착하였습니다. 유승이가 집에 도착한 시각을 오른쪽 시계에 나타내 보세요.

(1) 시계의 짧은바늘은 숫자 □ 과 □ 사이에 그립니다.

(2) 시계의 긴바늘은 숫자 □ 을 가리키도록 그립니다.

걸린 시간	1~4분	4~6분	6~8분
맞은 개수	12~13개	9~11개	1~8개
평가	참 잘했어요.	잘했어요.	좀더 노력해요.

🕐 시각을 읽어 보세요. (4 ~ 13)

4

☐ 시 ☐ 분

5

☐ 시 ☐ 분

6

☐ 시 ☐ 분

7

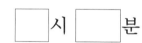
☐ 시 ☐ 분

8

☐ 시 ☐ 분

9

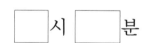
☐ 시 ☐ 분

10

☐ 시 ☐ 분

11

☐ 시 ☐ 분

12

☐ 시 ☐ 분

13

☐ 시 ☐ 분

⏰ 다음이 나타내는 시각을 알아보고 □ 안에 알맞은 수를 써넣으세요. (1~6)

1 시계의 짧은바늘은 숫자 **2**와 **3** 사이에 있고 긴바늘은 숫자 **5**를 가리키고 있는 시각 ➡ □ 시 □ 분

2 시계의 짧은바늘은 숫자 **6**과 **7** 사이에 있고 긴바늘은 숫자 **3**을 가리키고 있는 시각 ➡ □ 시 □ 분

3 시계의 짧은바늘은 숫자 **3**과 **4** 사이에 있고 긴바늘은 숫자 **9**를 가리키고 있는 시각 ➡ □ 시 □ 분

4 시계의 짧은바늘은 숫자 **5**와 **6** 사이에 있고 긴바늘은 숫자 **2**를 가리키고 있는 시각 ➡ □ 시 □ 분

5 시계의 짧은바늘은 숫자 **1**과 **2** 사이에 있고 긴바늘은 숫자 **8**을 가리키고 있는 시각 ➡ □ 시 □ 분

6 시계의 짧은바늘은 숫자 **7**과 **8** 사이에 있고 긴바늘은 숫자 **9**를 가리키고 있는 시각 ➡ □ 시 □ 분

걸린 시간	1~8분	8~12분	12~16분
맞은 개수	15~16개	12~14개	1~11개
평가	참 잘했어요.	잘했어요.	좀더 노력해요.

다음의 시각을 시계에 나타내 보세요. (7 ~ 16)

7 1시 20분 ➡

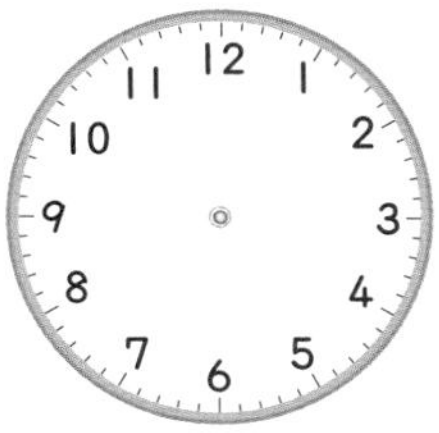

8 3시 35분 ➡

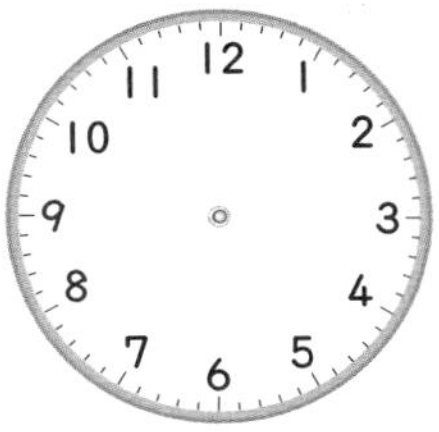

9 5시 30분 ➡

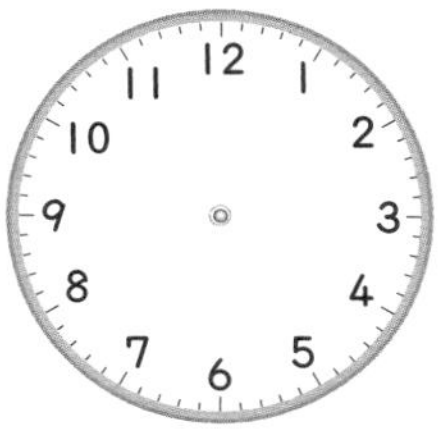

10 7시 15분 ➡

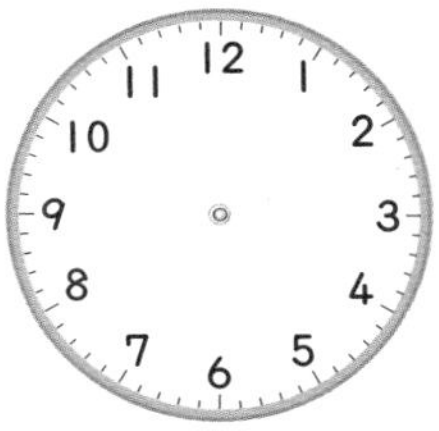

11 10시 5분 ➡

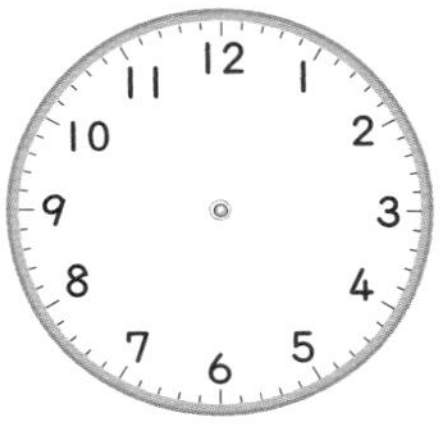

12 4시 50분 ➡

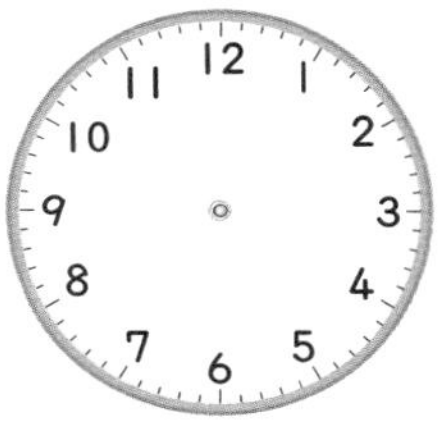

13 2시 45분 ➡

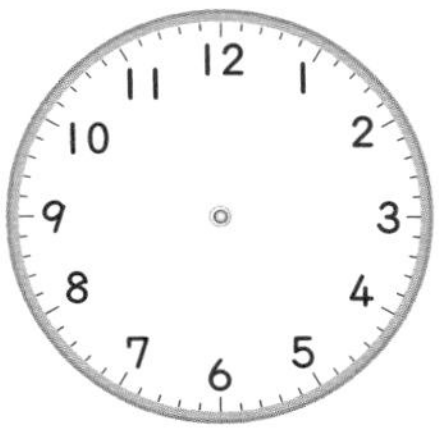

14 8시 10분 ➡

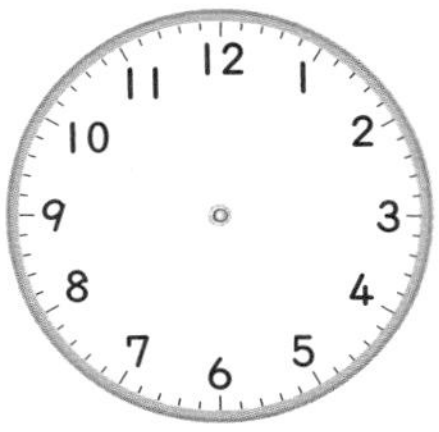

15 7시 5분 ➡

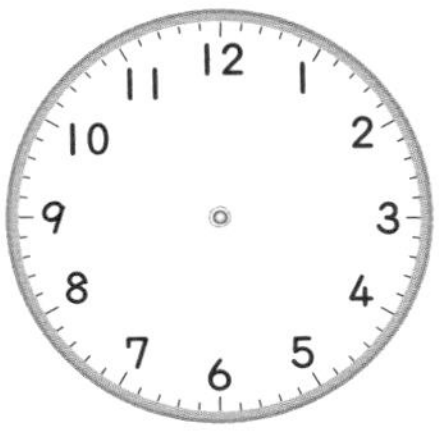

16 11시 25분 ➡

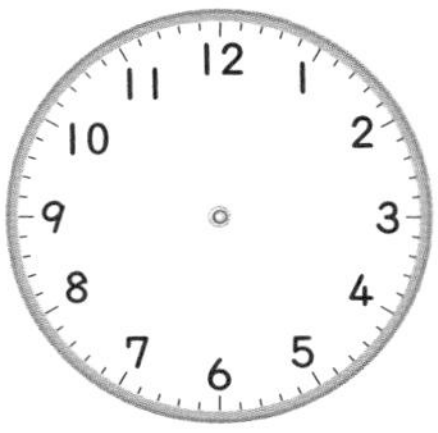

1 몇 시 몇 분 알아보기(3)

시각 알아보기

- 시계에서 긴바늘이 가리키는 작은 눈금 한 칸은 **1**분을 나타냅니다.
- 오른쪽 그림에서 시계의 긴바늘은 숫자 **8**에서 작은 눈금 **2**칸 더 간 곳을 가리키고, 짧은바늘은 숫자 **4**와 **5** 사이를 가리키므로 시계가 나타내는 시각은 **4**시 **42**분입니다.

☐ 안에 알맞은 수를 써넣으세요. (1~3)

1 (1) 시계에서 긴바늘이 가리키는 작은 눈금 한 칸은 ☐분을 나타냅니다.

(2) 시계의 짧은바늘은 숫자 ☐과 ☐ 사이에 있고 긴바늘은 숫자 **2**에서 작은 눈금 ☐칸을 더 갔습니다.

(3) 오른쪽 그림의 시계가 나타내는 시각은 ☐시 ☐분입니다.

2 오른쪽 시계는 유승이네 가족이 놀이 공원에 도착한 시각입니다. 유승이네 가족이 놀이 공원에 도착한 시각을 알아보시오.

(1) 시계의 짧은바늘은 숫자 ☐와 ☐ 사이에 있습니다.

(2) 시계의 긴바늘은 숫자 **3**에서 작은 눈금 ☐칸을 더 갔습니다.

(3) 유승이네 가족이 놀이 공원에 도착한 시각은 ☐시 ☐분입니다.

3 시계의 짧은바늘은 숫자 **4**와 **5** 사이에 있고, 긴바늘은 숫자 **8**에서 작은 눈금 **3**칸을 더 간 시각은 ☐시 ☐분입니다.

⏰ 시각을 읽어 보세요. (4 ~ 13)

4  ☐ 시 ☐ 분

5  ☐ 시 ☐ 분

6  ☐ 시 ☐ 분

7  ☐ 시 ☐ 분

8  ☐ 시 ☐ 분

9  ☐ 시 ☐ 분

10  ☐ 시 ☐ 분

11  ☐ 시 ☐ 분

12  ☐ 시 ☐ 분

13  ☐ 시 ☐ 분

몇 시 몇 분 알아보기(4)

🕐 다음이 나타내는 시각을 알아보고 ☐ 안에 알맞은 수를 써넣으세요. (1~6)

1

시계의 짧은바늘은 숫자 **2**와 **3** 사이에 있고 긴바늘은 숫자 **6**에서 작은 눈금 **2**칸을 더 간 시각 ➡ ☐ 시 ☐ 분

2

시계의 짧은바늘은 숫자 **8**과 **9** 사이에 있고 긴바늘은 숫자 **3**에서 작은 눈금 **3**칸을 더 간 시각 ➡ ☐ 시 ☐ 분

3

시계의 짧은바늘은 숫자 **5**와 **6** 사이에 있고 긴바늘은 숫자 **1**에서 작은 눈금 **4**칸을 더 간 시각 ➡ ☐ 시 ☐ 분

4

시계의 짧은바늘은 숫자 **7**과 **8** 사이에 있고 긴바늘은 숫자 **3**에서 작은 눈금 **2**칸을 더 간 시각 ➡ ☐ 시 ☐ 분

5

시계의 짧은바늘은 숫자 **11**과 **12** 사이에 있고 긴바늘은 숫자 **5**에서 작은 눈금 **4**칸을 더 간 시각 ➡ ☐ 시 ☐ 분

6

시계의 짧은바늘은 숫자 **4**와 **5** 사이에 있고 긴바늘은 숫자 **10**에서 작은 눈금 **3**칸을 더 간 시각 ➡ ☐ 시 ☐ 분

걸린 시간	1~8분	8~12분	12~16분
맞은 개수	15~16개	12~14개	1~11개
평가	참 잘했어요.	잘했어요.	좀더 노력해요.

다음 시각을 시계에 나타내 보세요. (7 ~ 16)

7

2시 16분 ➡

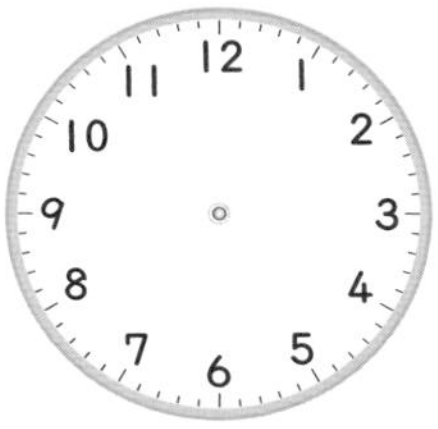

8

3시 34분 ➡

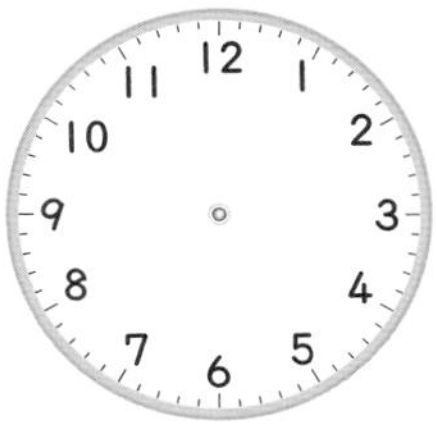

9

4시 52분 ➡

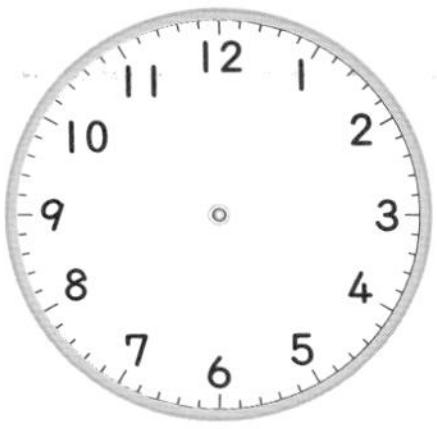

10

5시 43분 ➡

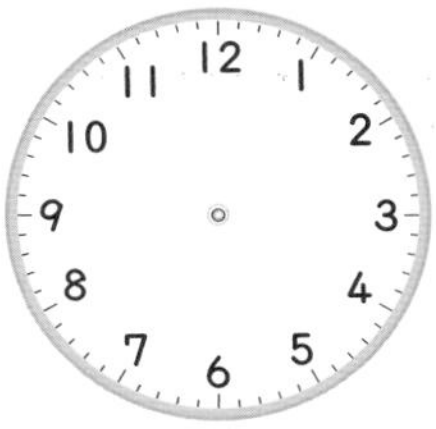

11

6시 14분 ➡

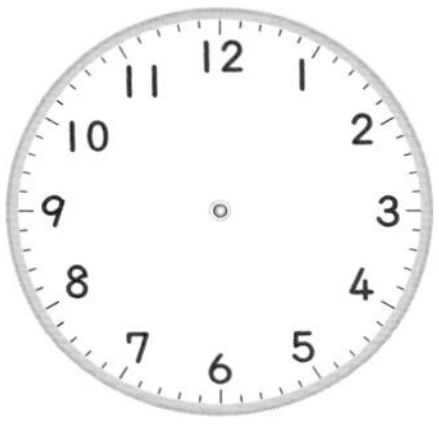

12

7시 21분 ➡

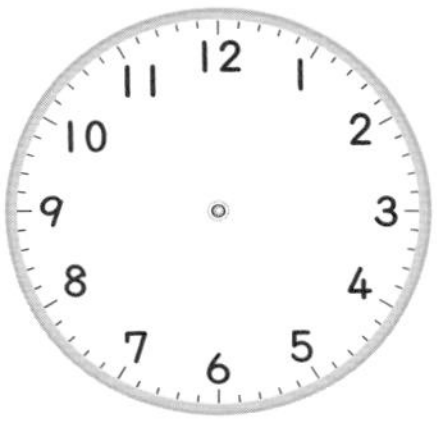

13

8시 28분 ➡

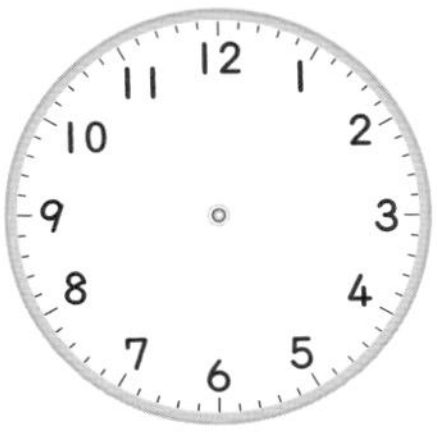

14

9시 12분 ➡

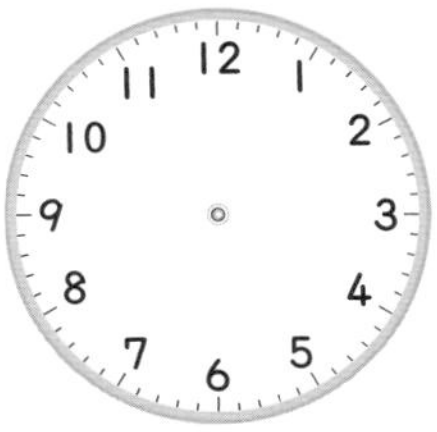

15

10시 36분 ➡

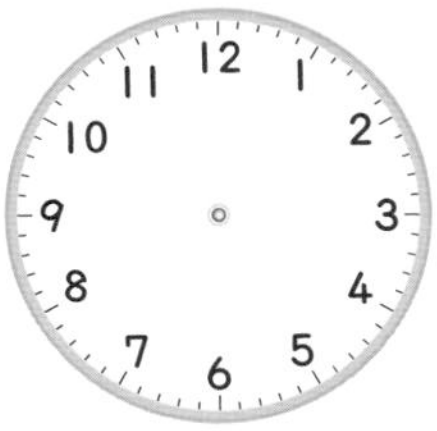

16

11시 24분 ➡

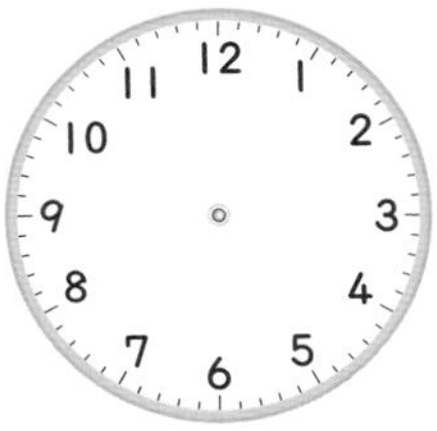

2 여러 가지 방법으로 시각 읽어 보기

몇시 몇분 전 알아보기

6시 55분에서 7시가 되려면 5분이 더 지나야 합니다.

6시 55분을 7시 5분 전이라고도 합니다.

> 6시 55분=7시 5분 전

□ 안에 알맞은 수를 써넣으세요. (1~3)

1
┌ 시계가 나타내는 시각은 □시 □분입니다.

├ 5시가 되려면 □분이 더 지나야 합니다.

└ 이 시각을 □시 □분 전이라고도 합니다.

2
┌ 시계가 나타내는 시각은 □시 □분입니다.

├ 9시가 되려면 □분이 더 지나야 합니다.

└ 이 시각을 □시 □분 전이라고도 합니다.

3
┌ 시계가 나타내는 시각은 □시 □분입니다.

├ 3시가 되려면 □분이 더 지나야 합니다.

└ 이 시각을 □시 □분 전이라고도 합니다.

⏰ ☐ 안에 알맞은 수를 써넣으세요. (4 ~ 11)

4

☐ 시 ☐ 분

➡ ☐ 시 ☐ 분 전

5

☐ 시 ☐ 분

➡ ☐ 시 ☐ 분 전

6

☐ 시 ☐ 분

➡ ☐ 시 ☐ 분 전

7

☐ 시 ☐ 분

➡ ☐ 시 ☐ 분 전

8

☐ 시 ☐ 분

➡ ☐ 시 ☐ 분 전

9

☐ 시 ☐ 분

➡ ☐ 시 ☐ 분 전

10

☐ 시 ☐ 분

➡ ☐ 시 ☐ 분 전

11

☐ 시 ☐ 분

➡ ☐ 시 ☐ 분 전

3 시간과 분의 관계 알아보기(1)

⭐ 시간 알아보기

- 시계의 짧은바늘이 **7**에서 **8**로 움직이는 데 걸린 시간은 **1**시간입니다.
- 시계의 긴바늘이 한 바퀴 도는 데 걸리는 시간은 **60**분입니다.
- **1**시간은 **60**분입니다.
- **2**시간 **20**분＝**60**분＋**60**분＋**20**분
    ＝**140**분

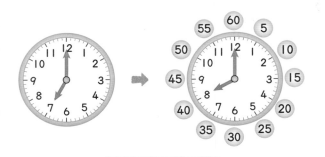

1시간＝60분

참고
- 시각과 시각 사이를 시간이라고 합니다.
- 시계의 긴바늘이 **12**에서 **12**까지 한 바퀴 도는 데 **60**분이 걸립니다.

⏰ □ 안에 알맞은 수를 써넣으세요. (1~6)

1 1시간＝ ☐ 분

2 1시간 5분＝1시간＋ ☐ 분

＝ ☐ 분＋ ☐ 분

＝ ☐ 분

3 1시간 30분＝1시간＋ ☐ 분

＝ ☐ 분＋ ☐ 분

＝ ☐ 분

4 1시간 45분＝ ☐ 시간＋ ☐ 분

＝ ☐ 분＋ ☐ 분

＝ ☐ 분

5 2시간 10분＝ ☐ 시간＋ ☐ 분

＝ ☐ 분＋ ☐ 분

＝ ☐ 분

6 2시간 30분＝ ☐ 시간＋ ☐ 분

＝ ☐ 분＋ ☐ 분

＝ ☐ 분

⏰ ☐ 안에 알맞은 수를 써넣으세요. (7 ~ 20)

7 1시간 10분 = ☐ 분

8 1시간 20분 = ☐ 분

9 1시간 50분 = ☐ 분

10 2시간 = ☐ 분

11 2시간 15분 = ☐ 분

12 2시간 45분 = ☐ 분

13 70분 = 60분 + ☐ 분
= ☐ 시간 + ☐ 분
= ☐ 시간 ☐ 분

14 85분 = 60분 + ☐ 분
= ☐ 시간 + ☐ 분
= ☐ 시간 ☐ 분

15 100분 = 60분 + ☐ 분
= ☐ 시간 + ☐ 분
= ☐ 시간 ☐ 분

16 160분 = ☐ 분 + ☐ 분
= ☐ 시간 + ☐ 분
= ☐ 시간 ☐ 분

17 95분 = ☐ 시간 ☐ 분

18 125분 = ☐ 시간 ☐ 분

19 140분 = ☐ 시간 ☐ 분

20 165분 = ☐ 시간 ☐ 분

시간과 분의 관계 알아보기(2)

⏰ 왼쪽 시계의 시각에서 오른쪽 시계의 시각까지 걸린 시간을 알아보고 □ 안에 알맞은 수를 써넣으세요. (1~8)

1 ☐시간

2 ☐시간

3 ☐분

4 ☐시간 ☐분

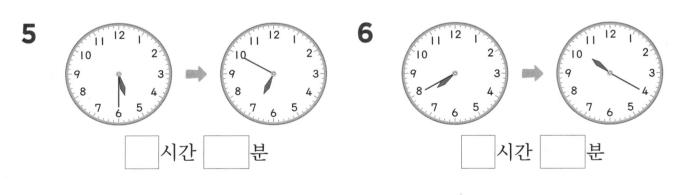

5 ☐시간 ☐분

6 ☐시간 ☐분

7 ☐시간 ☐분

8 ☐시간 ☐분

계산은 빠르고 정확하게!

걸린 시간	1~8분	8~12분	12~16분
맞은 개수	22~24개	17~21개	1~16개
평가	참 잘했어요.	잘했어요.	좀더 노력해요.

 □ 안에 알맞은 수를 써넣으세요. (9 ~ 24)

9 1시간 40분 ➡ ☐ 분

10 3시간 ➡ ☐ 분

11 2시간 12분 ➡ ☐ 분

12 2시간 40분 ➡ ☐ 분

13 3시간 30분 ➡ ☐ 분

14 3시간 45분 ➡ ☐ 분

15 3시간 54분 ➡ ☐ 분

16 4시간 15분 ➡ ☐ 분

17 85분 ➡ ☐ 시간 ☐ 분

18 115분 ➡ ☐ 시간 ☐ 분

19 144분 ➡ ☐ 시간 ☐ 분

20 156분 ➡ ☐ 시간 ☐ 분

21 172분 ➡ ☐ 시간 ☐ 분

22 190분 ➡ ☐ 시간 ☐ 분

23 200분 ➡ ☐ 시간 ☐ 분

24 250분 ➡ ☐ 시간 ☐ 분

4 하루의 시간 알아보기(1)

- 하루는 **24**시간입니다.

  1일=24시간

- 전날 밤 **12**시부터 낮 **12**시까지를 오전이라 하고, 낮 **12**시에서 밤 **12**시까리를 오후라고 합니다.

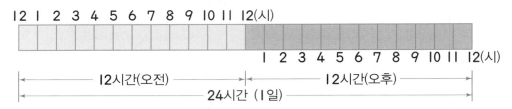

🕐 가영이가 학교에 도착한 시각과 집에 돌아온 시각을 나타낸 것입니다. ☐ 안에 알맞은 수나 말을 써넣으세요. **(1~6)**

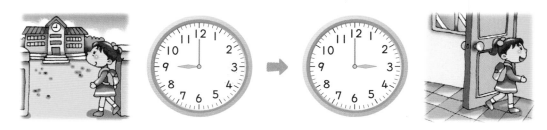

1 전날 밤 **12**시부터 낮 **12**시까지를 ☐ 이라고 합니다.

2 낮 **12**시부터 밤 **12**시까지를 ☐ 라고 합니다.

3 학교에 도착한 시각은 ☐ **9**시입니다.

4 집에 돌아온 시각은 ☐ **3**시입니다.

5 가영이가 학교에 도착해서 집에 돌아오기까지 걸린 시간을 색칠하시오.

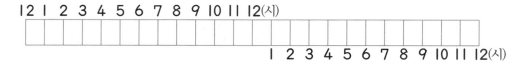

6 학교에 도착해서 집에 돌아올 때까지 걸린 시간은 ☐ 시간입니다.

□ 안에 알맞은 수를 써넣으세요. (7 ～ 16)

7 하루는 ☐ 시간입니다.

8 오전 6시부터 오전 10시까지는 ☐ 시간입니다.

9 오후 3시부터 오후 9시까지는 ☐ 시간입니다.

10 오전 8시 30분부터 오전 11시까지는 ☐ 시간 ☐ 분입니다.

11 오전 7시부터 오전 10시 30분까지는 ☐ 시간 ☐ 분입니다.

12 오후 1시부터 오후 8시 20분까지는 ☐ 시간 ☐ 분입니다.

13 오후 2시 40분부터 오후 7시까지는 ☐ 시간 ☐ 분입니다.

14 오전 10시부터 오후 3시 40분까지는 ☐ 시간 ☐ 분입니다.

15 오전 9시 30분부터 오후 3시 40분까지는 ☐ 시간 ☐ 분입니다.

16 오전 10시 20분부터 오후 5시 10분까지는 ☐ 시간 ☐ 분입니다.

🕐 □ 안에 알맞은 수를 써넣으세요. (1~14)

1 1일 6시간=24시간+ □ 시간
= □ 시간

2 1일 12시간= □ 시간+12시간
= □ 시간

3 1일 10시간
= □ 시간+ □ 시간
= □ 시간

4 1일 18시간
= □ 시간+ □ 시간
= □ 시간

5 2일 4시간=48시간+ □ 시간
= □ 시간

6 2일 10시간= □ 시간+10시간
= □ 시간

7 2일 8시간
= □ 시간+ □ 시간
= □ 시간

8 2일 20시간
= □ 시간+ □ 시간
= □ 시간

9 25시간=24시간+ □ 시간
= □ 일 □ 시간

10 33시간=24시간+ □ 시간
= □ 일 □ 시간

11 40시간= □ 시간+ □ 시간
= □ 일 □ 시간

12 46시간= □ 시간+ □ 시간
= □ 일 □ 시간

13 50시간=48시간+ □ 시간
= □ 일 □ 시간

14 60시간= □ 시간+ □ 시간
= □ 일 □ 시간

⏰ □ 안에 알맞은 수를 써넣으세요. (15 ~ 30)

15 1일 5시간 ➡ □ 시간

16 1일 10시간 ➡ □ 시간

17 2일 11시간 ➡ □ 시간

18 2일 18시간 ➡ □ 시간

19 3일 2시간 ➡ □ 시간

20 3일 20시간 ➡ □ 시간

21 4일 ➡ □ 시간

22 4일 5시간 ➡ □ 시간

23 34시간 ➡ □ 일 □ 시간

24 43시간 ➡ □ 일 □ 시간

25 51시간 ➡ □ 일 □ 시간

26 62시간 ➡ □ 일 □ 시간

27 70시간 ➡ □ 일 □ 시간

28 80시간 ➡ □ 일 □ 시간

29 90시간 ➡ □ 일 □ 시간

30 100시간 ➡ □ 일 □ 시간

1주일 알아보기 (1)

✿ 1주일 알아보기

• 7일마다 같은 요일이 반복되므로 1주일은 7일입니다.

1주일=7일

• 2주일 3일=7일+7일+3일=17일

• 20일=7일+7일+6일=2주일 6일

⏰ ☐ 안에 알맞은 수를 써넣으세요. (1~10)

1 1주일 3일=7일+☐일

= ☐일

2 2주일 5일

= ☐일+☐일+☐일

= ☐일

3 3주일=☐일+☐일+☐일

= ☐일

4 3주일 4일

= ☐일+☐일+☐일+☐일

= ☐일

5 4주일=(4×☐)일

= ☐일

6 4주일 5일

=(☐×☐)일+☐일

= ☐일

7 5주일 3일

=(☐×☐)일+☐일

= ☐일

8 6주일 4일

=(☐×☐)일+☐일

= ☐일

9 30일=(7×☐+☐)일

= ☐주일 ☐일

10 50일=(7×☐+☐)일

= ☐주일 ☐일

⏰ □ 안에 알맞은 수를 써넣으세요. (11 ~ 30)

11 1주일 5일 = □ 일

12 9일 = □ 주일 □ 일

13 2주일 2일 = □ 일

14 15일 = □ 주일 □ 일

15 3주일 4일 = □ 일

16 18일 = □ 주일 □ 일

17 4주일 3일 = □ 일

18 24일 = □ 주일 □ 일

19 5주일 1일 = □ 일

20 29일 = □ 주일 □ 일

21 6주일 2일 = □ 일

22 32일 = □ 주일 □ 일

23 6주일 5일 = □ 일

24 38일 = □ 주일 □ 일

25 7주일 3일 = □ 일

26 40일 = □ 주일 □ 일

27 8주일 4일 = □ 일

28 43일 = □ 주일 □ 일

29 9주일 5일 = □ 일

30 57일 = □ 주일 □ 일

5 1주일 알아보기 (2)

⏰ ☐ 안에 알맞은 수를 써넣으세요. (1~16)

1 1주일 ➡ ☐ 일

2 1주일 4일 ➡ ☐ 일

3 2주일 ➡ ☐ 일

4 2주일 3일 ➡ ☐ 일

5 2주일 5일 ➡ ☐ 일

6 3주일 ➡ ☐ 일

7 3주일 2일 ➡ ☐ 일

8 3주일 6일 ➡ ☐ 일

9 4주일 ➡ ☐ 일

10 4주일 3일 ➡ ☐ 일

11 4주일 6일 ➡ ☐ 일

12 5주일 ➡ ☐ 일

13 5주일 2일 ➡ ☐ 일

14 5주일 6일 ➡ ☐ 일

15 6주일 ➡ ☐ 일

16 6주일 3일 ➡ ☐ 일

계산은 빠르고 정확하게!

걸린 시간	1~10분	10~15분	15~20분
맞은 개수	29~32개	23~28개	1~22개
평가	참 잘했어요.	잘했어요.	좀더 노력해요.

 □ 안에 알맞은 수를 써넣으세요. (17 ~ 32)

17 8일 ➡ □ 주일 □ 일

18 16일 ➡ □ 주일 □ 일

19 12일 ➡ □ 주일 □ 일

20 19일 ➡ □ 주일 □ 일

21 22일 ➡ □ 주일 □ 일

22 26일 ➡ □ 주일 □ 일

23 33일 ➡ □ 주일 □ 일

24 37일 ➡ □ 주일 □ 일

25 40일 ➡ □ 주일 □ 일

26 44일 ➡ □ 주일 □ 일

27 46일 ➡ □ 주일 □ 일

28 52일 ➡ □ 주일 □ 일

29 59일 ➡ □ 주일 □ 일

30 60일 ➡ □ 주일 □ 일

31 64일 ➡ □ 주일 □ 일

32 68일 ➡ □ 주일 □ 일

6 달력 알아보기 (1)

- 1년은 12개월입니다.
- 날수가 31일인 달은 1월, 3월, 5월, 7월, 8월, 10월, 12월입니다.
- 날수가 30일인 달은 4월, 6월, 9월, 11월입니다.
- 2월의 날수는 28일 또는 29일입니다.

🕐 어느 해 4월의 달력입니다. 달력을 보고 □ 안에 알맞은 수나 말을 써넣으세요.

(1~4)

일	월	화	수	목	금	토
					1	2
3	4	5	6	7	8	9
10	11	12	13	14	15	16
17	18	19	20	21	22	23
24	25	26	27	28	29	30

1 이달의 5일은 □ 요일이고, 15일은 □ 요일입니다.

2 이달의 수요일은 □ 일, □ 일, □ 일, □ 일입니다.

3 이달의 첫 번째 월요일은 □ 일이고, 첫 번째 토요일은 □ 일입니다.

4 두 번째 일요일은 첫 번째 일요일부터 □ 일 후입니다.

🕐 표를 보고 □ 안에 알맞은 수를 써넣으세요. **(5~6)**

월	1	2	3	4	5	6	7	8	9	10	11	12
날수	31	28 (29)	31	30	31	30	31	31	30	31	30	31

5 30일까지 있는 달은 □ 월, □ 월, □ 월, □ 월입니다.

6 31일까지 있는 달은 □ 월, □ 월, □ 월, □ 월, □ 월, □ 월, □ 월입니다.

계산은 빠르고 정확하게!

걸린 시간	1~6분	6~9분	9~12분
맞은 개수	13~14개	9~12개	1~8개
평가	참 잘했어요.	잘했어요.	좀더 노력해요.

🕐 달력을 보고 □ 안에 알맞은 수나 말을 써넣으세요. (7~14)

일	월	화	수	목	금	토
	1	2	3	4	5	6
7	8	9	10	11	12	13
14	15	16	17	18	19	20
21	22	23	24	25	26	27
28	29	30	31			

7 일주일은 일요일, □요일, □요일, □요일, □요일, □요일, □요일로 □일입니다.

8 이달의 10일은 □요일, 20일은 □요일, 30일은 □요일입니다.

9 일요일부터 토요일까지는 □일이므로 일주일은 □일입니다.

10 8일에서 일주일 후는 □일입니다.

11 16일부터 7일 후는 □요일입니다.

12 6일에서 1주일 후에는 □일, 2주일 후는 □일, 3주일 후는 □일입니다.

13 25일에서 3일 전은 □요일이고, 1주일 전은 □일입니다.

14 이달의 날수와 같은 달은 1년 중 □번 있습니다.

⏰ ☐ 안에 알맞은 수를 써넣으세요. (1~20)

1 1년 = ☐ 개월

2 2년 = ☐ 개월

3 1년 3개월 = ☐ 개월

4 2년 4개월 = ☐ 개월

5 3년 = ☐ 개월

6 4년 = ☐ 개월

7 3년 8개월 = ☐ 개월

8 4년 8개월 = ☐ 개월

9 5년 = ☐ 개월

10 5년 9개월 = ☐ 개월

11 12개월 = ☐ 년

12 24개월 = ☐ 년

13 18개월 = ☐ 년 ☐ 개월

14 25개월 = ☐ 년 ☐ 개월

15 30개월 = ☐ 년 ☐ 개월

16 36개월 = ☐ 년

17 40개월 = ☐ 년 ☐ 개월

18 50개월 = ☐ 년 ☐ 개월

19 60개월 = ☐ 년

20 70개월 = ☐ 년 ☐ 개월

계산은 빠르고 정확하게!

걸린 시간	1~12분	12~18분	18~24분
맞은 개수	33~36개	26~32개	1~25개
평가	참 잘했어요.	잘했어요.	좀더 노력해요.

⏰ ☐ 안에 알맞은 수를 써넣으세요. (21 ~ 36)

21 1년 5개월 ➡ ☐ 개월

22 3년 3개월 ➡ ☐ 개월

23 2년 10개월 ➡ ☐ 개월

24 3년 6개월 ➡ ☐ 개월

25 4년 1개월 ➡ ☐ 개월

26 5년 6개월 ➡ ☐ 개월

27 6년 2개월 ➡ ☐ 개월

28 6년 8개월 ➡ ☐ 개월

29 20개월 ➡ ☐ 년 ☐ 개월

30 27개월 ➡ ☐ 년 ☐ 개월

31 30개월 ➡ ☐ 년 ☐ 개월

32 42개월 ➡ ☐ 년 ☐ 개월

33 45개월 ➡ ☐ 년 ☐ 개월

34 55개월 ➡ ☐ 년 ☐ 개월

35 65개월 ➡ ☐ 년 ☐ 개월

36 75개월 ➡ ☐ 년 ☐ 개월

학습 날짜

월
일

⏰ 현재 시각을 나타내는 시계와 각 열차가 출발하는 시각을 나타낸 것입니다. 열차가 출발하기 전까지 남은 시간을 구하세요. (1~4)

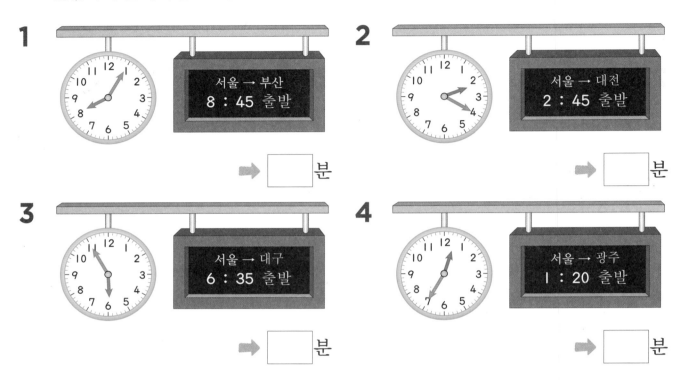

1

서울 → 부산
8 : 45 출발

➡️ ☐ 분

2

서울 → 대전
2 : 45 출발

➡️ ☐ 분

3

서울 → 대구
6 : 35 출발

➡️ ☐ 분

4

서울 → 광주
1 : 20 출발

➡️ ☐ 분

⏰ 거울에 비친 시계가 나타내는 시각을 알아보세요. (5~10)

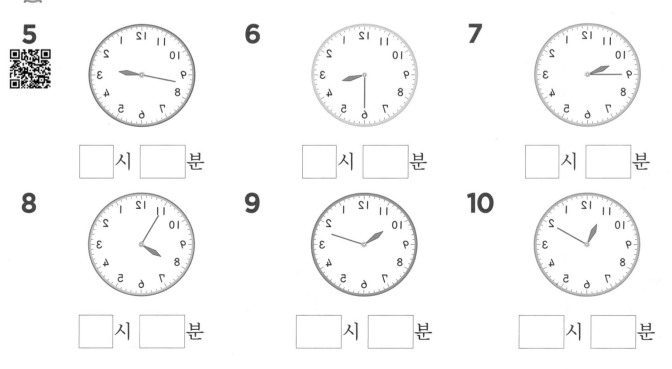

5

☐ 시 ☐ 분

6

☐ 시 ☐ 분

7

☐ 시 ☐ 분

8

☐ 시 ☐ 분

9

☐ 시 ☐ 분

10

☐ 시 ☐ 분

계산은 빠르고 정확하게!

걸린 시간	1~10분	10~15분	15~20분
맞은 개수	17~18개	13~16개	1~12개
평가	참 잘했어요.	잘했어요.	좀더 노력해요.

🕐 어느 달의 달력의 일부분이 찢어져 보이지 않습니다. 이달의 **25**일은 무슨 요일인지 ☐ 안에 알맞은 말을 써넣으세요. (**11 ~ 18**)

11

일	월	화	수	목	금	토
				1	2	3
7	8	9	10			

➡ ☐ 요일

12

일	월	화	수	목	금	토
1	2	3	4	5		
8	9	10				

➡ ☐ 요일

13

월	화	수	목	금	토
					1
	5	6	7	8	

➡ ☐ 요일

14

월	화	수	목	금	토
	1	2	3	4	5
	9				

➡ ☐ 요일

15

월	화	수	목	금	토
				1	2
	6	7	8		

➡ ☐ 요일

16

일	월	화	수	목	금
			1	2	3
	7	8			

➡ ☐ 요일

17

금	토
6	7

11	12	13	14

➡ ☐ 요일

18

화	수	목	금	토
	3	4	5	6
10	11	12	13	

➡ ☐ 요일

확인 평가

⏰ ☐ 안에 알맞은 수를 써넣으세요. (1~10)

1
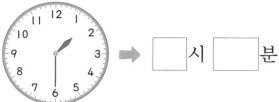 ☐ 시 ☐ 분

2
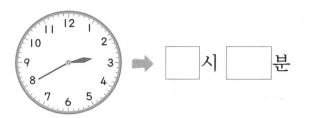 ☐ 시 ☐ 분

3
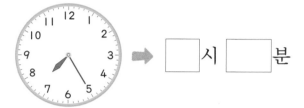 ☐ 시 ☐ 분

4
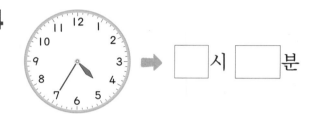 ☐ 시 ☐ 분

5
 ☐ 시 ☐ 분

6
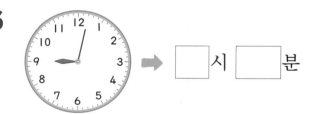 ☐ 시 ☐ 분

7
 ☐ 시 ☐ 분

8
 ☐ 시 ☐ 분

9
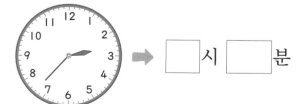 ☐ 시 ☐ 분

10
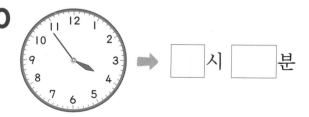 ☐ 시 ☐ 분

⏰ ☐ 안에 알맞은 수를 써넣으세요. (11 ~ 26)

11 2시 55분=☐시 ☐분 전

12 3시 50분=☐시 ☐분 전

13 5시 45분=☐시 ☐분 전

14 7시 40분=☐시 ☐분 전

15 2시간 30분=2시간+☐분=☐분+☐분=☐분

16 1시간 40분=☐분

17 2시간 45분=☐분

18 3시간 20분=☐분

19 5시간=☐분

20 163분=☐분+43분=☐시간+☐분=☐시간 ☐분

21 132분=☐시간 ☐분

22 116분=☐시간 ☐분

23 185분=☐시간 ☐분

24 250분=☐시간 ☐분

25 오전 8시부터 오전 11시 30분까지는 ☐시간 ☐분입니다.

26 오전 11시부터 오후 5시 20분까지는 ☐시간 ☐분입니다.

⏰ ☐ 안에 알맞은 수를 써넣으세요. (27 ~ 38)

27 1일 6시간 = ☐ 시간

28 3일 12시간 = ☐ 시간

29 32시간 = ☐ 일 ☐ 시간

30 50시간 = ☐ 일 ☐ 시간

31 1주일 6일 = ☐ 일

32 3주일 4일 = ☐ 일

33 20일 = ☐ 주일 ☐ 일

34 34일 = ☐ 주일 ☐ 일

35 1년 2개월 = ☐ 개월

36 2년 6개월 = ☐ 개월

37 25개월 = ☐ 년 ☐ 개월

38 40개월 = ☐ 년 ☐ 개월

⏰ 다음 달력을 완성하세요. (39 ~ 40)

39 6월

일	월	화	수	목	금	토
		1	2	3	4	5
6	7	8	9	10	11	12
13	14	15	16	17	18	19
20	21	22	23	24	25	26

40 8월

일	월	화	수	목	금	토
	1	2	3	4	5	6
7	8	9	10	11	12	13
14	15	16	17	18	19	20
21	22	23	24	25	26	27

초등 수학의 기본은 연산력!!

신기한 연산왕

정답

B-4 초2 수준

정답

1 곱셈식 알아보기(1)

학습 날짜
월 일

- 2씩 4묶음은 2+2+2+2=8입니다.
- 2씩 4묶음은 2의 4배라고 합니다.
- 2의 4배를 2×4라고 쓰고 2 곱하기 4라고 읽습니다.
- 2의 4배는 8입니다. 이것을 2×4=8이라 쓰고 '2 곱하기 4는 8과 같습니다.' 또는 '2와 4의 곱은 8입니다.'라고 읽습니다.

□ 안에 알맞은 수를 써넣으세요. (1~2)

1

(1) (4개씩 **4** 묶음)= **4** + **4** + **4** + **4** = **16**

(2) (4개씩 **4** 묶음)=(4의 **4** 배)=4× **4** = **16**

(3) 4× **4** = **16** ⟨ 4 곱하기 **4** 는 **16** 과 같습니다.
　　　　　　　　4와 **4** 의 곱은 **16** 입니다.

2

(1) (3개씩 **6** 묶음)= **3** + **3** + **3** + **3** + **3** + **3** = **18**

(2) (3개씩 **6** 묶음)=(3의 **6** 배)=3× **6** = **18**

(3) 3× **6** = **18** ⟨ 3 곱하기 **6** 은 **18** 과 같습니다.
　　　　　　　　3과 **6** 의 곱은 **18** 입니다.

계산은 빠르고 정확하게!

걸린 시간	1~5분	5~8분	8~10분
맞은 개수	5개	4개	1~3개
평가	참 잘했어요.	잘했어요.	좀더 노력해요.

□ 안에 알맞은 수를 써넣으세요. (3~5)

3

(1) (**3** 마리씩 **5** 묶음)= **3** + **3** + **3** + **3** + **3** = **15**

(2) (**3** 마리씩 **5** 묶음)=(**3** 의 **5** 배)= **3** × **5** = **15**

(3) **3** × **5** = **15** ⟨ **3** 곱하기 **5** 는 **15** 와 같습니다.
　　　　　　　　 3 과 **5** 의 곱은 **15** 입니다.

4

(1) (**5** 마리씩 **4** 묶음)= **5** + **5** + **5** + **5** = **20**

(2) (**5** 마리씩 **4** 묶음)=(**5** 의 **4** 배)= **5** × **4** = **20**

(3) **5** × **4** = **20** ⟨ **5** 곱하기 **4** 는 **20** 과 같습니다.
　　　　　　　　 5 와 **4** 의 곱은 **20** 입니다.

5

(1) (**7** 개씩 **5** 묶음)= **7** + **7** + **7** + **7** + **7** = **35**

(2) (**7** 개씩 **5** 묶음)=(**7** 의 **5** 배)= **7** × **5** = **35**

(3) **7** × **5** = **35** ⟨ **7** 곱하기 **5** 는 **35** 와 같습니다.
　　　　　　　　 7 과 **5** 의 곱은 **35** 입니다.

1 곱셈식 알아보기(2)

학습 날짜
월 일

□ 안에 알맞은 수를 써넣고 두 가지 방법으로 읽어 보세요. (1~3)

1

(1) (2마리씩 **4** 묶음)=(2의 **4** 배)=2× **4** = **8**

(2) 2× **4** = **8** ⟨ 2 곱하기 4는 8과 같습니다.
　　　　　　　 2와 4의 곱은 8입니다.

2

(1) (3개씩 **5** 묶음)=(3의 **5** 배)=3× **5** = **15**

(2) 3× **5** = **15** ⟨ 3 곱하기 5는 15와 같습니다.
　　　　　　　 3과 5의 곱은 15입니다.

3

(1) (6개씩 **4** 묶음)=(6의 **4** 배)=6× **4** = **24**

(2) 6× **4** = **24** ⟨ 6 곱하기 4는 24와 같습니다.
　　　　　　　 6과 4의 곱은 24입니다.

계산은 빠르고 정확하게!

걸린 시간	1~5분	5~8분	8~10분
맞은 개수	7~8개	5~6개	1~4개
평가	참 잘했어요.	잘했어요.	좀더 노력해요.

□ 안에 알맞은 수를 써넣으세요. (4~8)

4 ⟹ 3의 **4** 배
⟹ **3** + **3** + **3** + **3** = **12**
⟹ **3** × **4** = **12**

5 ⟹ 5의 **4** 배
⟹ **5** + **5** + **5** + **5** = **20**
⟹ **5** × **4** = **20**

6 ⟹ **7** 의 3 배
⟹ **7** + **7** + **7** = **21**
⟹ **7** × **3** = **21**

7 ⟹ **8** 의 2 배
⟹ **8** + **8** = **16**
⟹ **8** × **2** = **16**

8 ⟹ **9** 의 3 배
⟹ **9** + **9** + **9** = **27**
⟹ **9** × **3** = **27**

1 곱셈식 알아보기(3)

월 일

계산은 빠르고 정확하게!

걸린 시간	1~5분	5~8분	8~10분
맞은 개수	17~18개	13~16개	1~12개
평가	참 잘했어요.	잘했어요.	좀더 노력해요.

□ 안에 알맞은 수를 써넣으세요. (1~6)

1 0 5 10 15 20

2의 7배 ➡ 2 × 7 = 14

2 0 5 10 15 20

3의 5배 ➡ 3 × 5 = 15

3 0 5 10 15 20

4의 4배 ➡ 4 × 4 = 16

4 0 5 10 15 20

5의 4배 ➡ 5 × 4 = 20

5 0 5 10 15 20

6의 3배 ➡ 6 × 3 = 18

6 0 5 10 15 20

7의 2배 ➡ 7 × 2 = 14

□ 안에 알맞은 수를 써넣으세요. (7~18)

7 2+2+2+2+2+2=12
➡ 2 × 6 = 12

8 3+3+3+3=12
➡ 3 × 4 = 12

9 4+4+4+4+4=20
➡ 4 × 5 = 20

10 5+5+5=15
➡ 5 × 3 = 15

11 6+6+6+6+6=30
➡ 6 × 5 = 30

12 7+7+7+7=28
➡ 7 × 4 = 28

13 8+8+8= 24
➡ 8 × 3 = 24

14 9+9+9+9+9= 45
➡ 9 × 5 = 45

15 5+5+5+5+5+5= 30
➡ 5 × 6 = 30

16 6+6+6+6= 24
➡ 6 × 4 = 24

17 7+7+7+7+7= 35
➡ 7 × 5 = 35

18 8+8+8+8+8= 40
➡ 8 × 5 = 40

1 곱셈식 알아보기(4)

월 일

계산은 빠르고 정확하게!

걸린 시간	1~5분	5~8분	8~10분
맞은 개수	10~11개	8~9개	1~7개
평가	참 잘했어요.	잘했어요.	좀더 노력해요.

그림을 보고 곱셈식으로 나타내세요. (1~5)

1 ➡ 2× 4 = 8

2 ➡ 4× 3 = 12

3 ➡ 5× 3 = 15

4 ➡ 3 × 6 = 18

5 ➡ 8 × 3 = 24

그림을 보고 □ 안에 알맞은 수를 써넣으세요. (6~11)

6

4× 2 = 8
2× 4 = 8

7

8× 3 = 24 , 6× 4 = 24
4× 6 = 24 , 3× 8 = 24

8

8× 2 = 16 , 4× 4 = 16
2× 8 = 16

9

9× 2 = 18 , 6× 3 = 18
3× 6 = 18 , 2× 9 = 18

10

5× 4 = 20
4× 5 = 20

11

7× 3 = 21
3× 7 = 21

 2 **2단, 5단 곱셈구구 (1)** 월 일

🌱 **2단 곱셈구구**

×	1	2	3	4	5	6	7	8	9
2	2	4	6	8	10	12	14	16	18

+2 +2 +2 +2 +2 +2 +2 +2

➡ 2단 곱셈구구에서는 곱하는 수가 1씩 커지면 곱은 2씩 커집니다.

🌱 **5단 곱셈구구**

×	1	2	3	4	5	6	7	8	9
5	5	10	15	20	25	30	35	40	45

+5 +5 +5 +5 +5 +5 +5 +5

➡ 5단 곱셈구구에서는 곱하는 수가 1씩 커지면 곱은 5씩 커집니다.

⏰ 그림을 보고 □ 안에 알맞은 수를 써넣으세요. (1 ~ 4)

1  (오이의 수)=2× 3 = 6

2 (당근의 수)=2× 4 = 8

3 (사탕의 수)=2× 5 = 10

4 (귤의 수)=2× 6 = 12

⏰ 그림을 보고 □ 안에 알맞은 수를 써넣으세요. (5 ~ 10)

5 (다리의 수)=2× 7 = 14

6 (손가락의 수)=2× 5 = 10

7 (구슬의 수)=5× 4 = 20

8 (딸기의 수)=5× 5 = 25

9 (별의 수)=5× 6 = 30

10 (구슬의 수)=5× 7 = 35

 **2** **2단, 5단 곱셈구구 (2)** 월 일

⏰ □ 안에 알맞은 수를 써넣으세요. (1 ~ 12)

1 0 5 10
2× 4 = 8

2 0 5 10
5× 2 = 10

3 0 5 10
2× 5 = 10

4 0 5 10 15
5× 3 = 15

5 0 5 10 15
2× 6 = 12

6 0 5 10 15 20
5× 4 = 20

7 0 5 10 15
2× 7 = 14

8 0 5 10 15 20 25
5× 5 = 25

9 0 5 10 15 20
2× 8 = 16

10 0 5 10 15 20 25 30
5× 6 = 30

11 0 5 10 15 20
2× 9 = 18

12 0 5 10 15 20 25 30 35
5× 7 = 35

계산은 빠르고 정확하게!

걸린 시간	1~6분	6~9분	9~12분
맞은 개수	26~28개	20~25개	1~19개
평가	참 잘했어요.	잘했어요.	좀더 노력해요.

⏰ □ 안에 알맞은 수를 써넣으세요. (13 ~ 28)

13 2+2=2× 2 = 4

14 5+5=5× 2 = 10

15 2+2+2=2× 3 = 6

16 5+5+5=5× 3 = 15

17 2+2+2+2=2× 4 = 8

18 5+5+5+5=5× 4 = 20

19 2+2+2+2+2
=2× 5 = 10

20 5+5+5+5+5
=5× 5 = 25

21 2+2+2+2+2+2
=2× 6 = 12

22 5+5+5+5+5+5
=5× 6 = 30

23 2+2+2+2+2+2+2
=2× 7 = 14

24 5+5+5+5+5+5+5
=5× 7 = 35

25 2+2+2+2+2+2+2+2
=2× 8 = 16

26 5+5+5+5+5+5+5+5
=5× 8 = 40

27 2+2+2+2+2+2+2+2+2
=2× 9 = 18

28 5+5+5+5+5+5+5+5+5
=5× 9 = 45

2 2단, 5단 곱셈구구 (3)

빈 곳에 알맞은 수를 써넣으세요. (1~12)

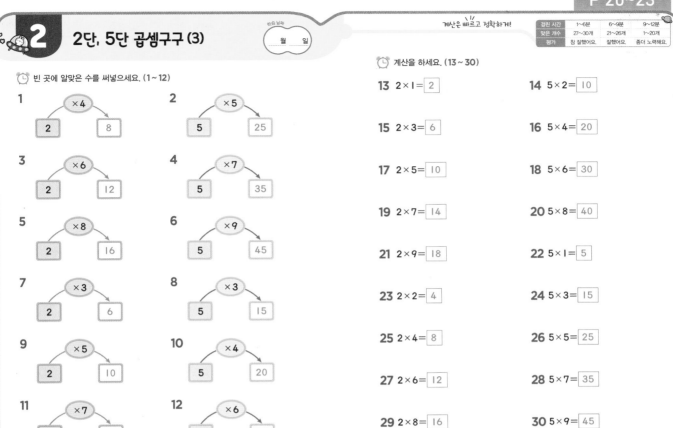

1 2 ×4 → 8

2 5 ×5 → 25

3 2 ×6 → 12

4 5 ×7 → 35

5 2 ×8 → 16

6 5 ×9 → 45

7 2 ×3 → 6

8 5 ×3 → 15

9 2 ×5 → 10

10 5 ×4 → 20

11 2 ×7 → 14

12 5 ×6 → 30

계산은 빠르고 정확하게!

걸린 시간	1~6분	6~9분	9~12분
맞은 개수	27~30개	21~26개	1~20개
평가	참 잘했어요	잘했어요	좀더 노력해요

계산을 하세요. (13~30)

13 2×1= 2   14 5×2= 10

15 2×3= 6   16 5×4= 20

17 2×5= 10   18 5×6= 30

19 2×7= 14   20 5×8= 40

21 2×9= 18   22 5×1= 5

23 2×2= 4   24 5×3= 15

25 2×4= 8   26 5×5= 25

27 2×6= 12   28 5×7= 35

29 2×8= 16   30 5×9= 45

3 3단, 6단 곱셈구구 (1)

🟡 3단 곱셈구구

×	1	2	3	4	5	6	7	8	9
3	3	6	9	12	15	18	21	24	27

+3 +3 +3 +3 +3 +3 +3 +3

➡ 3단 곱셈구구에서는 곱하는 수가 1씩 커지면 곱은 3씩 커집니다.

🟡 6단 곱셈구구

×	1	2	3	4	5	6	7	8	9
6	6	12	18	24	30	36	42	48	54

+6 +6 +6 +6 +6 +6 +6 +6

➡ 6단 곱셈구구에서는 곱하는 수가 1씩 커지면 곱은 6씩 커집니다.

그림을 보고 □ 안에 알맞은 수를 써넣으세요. (1~4)

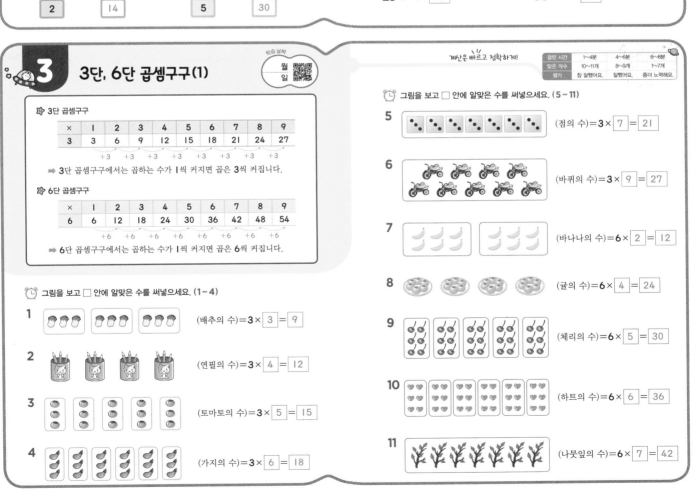

1 (배추의 수)=3× 3 = 9

2 (연필의 수)=3× 4 = 12

3 (토마토의 수)=3× 5 = 15

4 (가지의 수)=3× 6 = 18

계산은 빠르고 정확하게!

걸린 시간	1~4분	4~6분	6~8분
맞은 개수	10~11개	8~9개	1~7개
평가	참 잘했어요	잘했어요	좀더 노력해요

그림을 보고 □ 안에 알맞은 수를 써넣으세요. (5~11)

5 (점의 수)=3× 7 = 21

6 (바퀴의 수)=3× 9 = 27

7 (바나나의 수)=6× 2 = 12

8 (귤의 수)=6× 4 = 24

9 (체리의 수)=6× 5 = 30

10 (하트의 수)=6× 6 = 36

11 (나뭇잎의 수)=6× 7 = 42

3 3단, 6단 곱셈구구(2)

학습 날짜
월   일

계산은 빠르고 정확하게!

걸린 시간	1~6분	6~9분	9~12분
맞은 개수	26~28개	20~25개	1~19개
평가	참 잘했어요.	잘했어요.	좀더 노력해요.

□ 안에 알맞은 수를 써넣으세요. (1 ~ 12)

1
0   5   10
$3 \times \boxed{3} = \boxed{9}$

2
0   5   10
$6 \times \boxed{1} = 6$

3
0   5   10   15
$3 \times \boxed{4} = \boxed{12}$

4
0   5   10   15
$6 \times \boxed{2} = \boxed{12}$

5
0   5   10   15
$3 \times \boxed{5} = \boxed{15}$

6
0   5   10   15   20
$6 \times \boxed{3} = \boxed{18}$

7
0   5   10   15   20
$3 \times \boxed{6} = \boxed{18}$

8
0   5   10   15   20   25
$6 \times \boxed{4} = \boxed{24}$

9
0   5   10   15   20   25
$3 \times \boxed{7} = \boxed{21}$

10
0   5   10   15   20   25   30
$6 \times \boxed{5} = \boxed{30}$

11
0   5   10   15   20   25
$3 \times \boxed{8} = \boxed{24}$

12
0   5   10   15   20   25   30   35   40
$6 \times \boxed{6} = \boxed{36}$

□ 안에 알맞은 수를 써넣으세요. (13 ~ 28)

13 $3+3=3 \times \boxed{2} = \boxed{6}$

14 $6+6=6 \times \boxed{2} = \boxed{12}$

15 $3+3+3=3 \times \boxed{3} = \boxed{9}$

16 $6+6+6=6 \times \boxed{3} = \boxed{18}$

17 $3+3+3+3=3 \times \boxed{4} = \boxed{12}$

18 $6+6+6+6=6 \times \boxed{4} = \boxed{24}$

19 $3+3+3+3+3$
$=3 \times \boxed{5} = \boxed{15}$

20 $6+6+6+6+6$
$=6 \times \boxed{5} = \boxed{30}$

21 $3+3+3+3+3+3$
$=3 \times \boxed{6} = \boxed{18}$

22 $6+6+6+6+6+6$
$=6 \times \boxed{6} = \boxed{36}$

23 $3+3+3+3+3+3+3$
$=3 \times \boxed{7} = \boxed{21}$

24 $6+6+6+6+6+6+6$
$=6 \times \boxed{7} = \boxed{42}$

25 $3+3+3+3+3+3+3+3$
$=3 \times \boxed{8} = \boxed{24}$

26 $6+6+6+6+6+6+6+6$
$=6 \times \boxed{8} = \boxed{48}$

27 $3+3+3+3+3+3+3+3+3$
$=3 \times \boxed{9} = \boxed{27}$

28 $6+6+6+6+6+6+6+6+6$
$=6 \times \boxed{9} = \boxed{54}$

3 3단, 6단 곱셈구구(3)

학습 날짜
월   일

계산은 빠르고 정확하게!

걸린 시간	1~6분	6~9분	9~12분
맞은 개수	27~30개	21~26개	1~20개
평가	참 잘했어요.	잘했어요.	좀더 노력해요.

빈 곳에 알맞은 수를 써넣으세요. (1 ~ 12)

1 $\times 4$ 3 → 12

2 $\times 3$ 6 → 18

3 $\times 3$ 3 → 9

4 $\times 5$ 6 → 30

5 $\times 5$ 3 → 15

6 $\times 7$ 6 → 42

7 $\times 7$ 3 → 21

8 $\times 9$ 6 → 54

9 $\times 9$ 3 → 27

10 $\times 4$ 6 → 24

11 $\times 6$ 3 → 18

12 $\times 6$ 6 → 36

계산을 하세요. (13 ~ 30)

13 $3 \times 1 = \boxed{3}$

14 $6 \times 2 = \boxed{12}$

15 $3 \times 3 = \boxed{9}$

16 $6 \times 4 = \boxed{24}$

17 $3 \times 5 = \boxed{15}$

18 $6 \times 6 = \boxed{36}$

19 $3 \times 7 = \boxed{21}$

20 $6 \times 8 = \boxed{48}$

21 $3 \times 9 = \boxed{27}$

22 $6 \times 1 = \boxed{6}$

23 $3 \times 2 = \boxed{6}$

24 $6 \times 3 = \boxed{18}$

25 $3 \times 4 = \boxed{12}$

26 $6 \times 5 = \boxed{30}$

27 $3 \times 6 = \boxed{18}$

28 $6 \times 7 = \boxed{42}$

29 $3 \times 8 = \boxed{24}$

30 $6 \times 9 = \boxed{54}$

4

4단, 8단 곱셈구구 (1)

월 일

✿ 4단 곱셈구구

×	1	2	3	4	5	6	7	8	9
4	4	8	12	16	20	24	28	32	36

+4 +4 +4 +4 +4 +4 +4 +4

➡ 4단 곱셈구구에서는 곱하는 수가 1씩 커지면 곱은 4씩 커집니다.

✿ 8단 곱셈구구

×	1	2	3	4	5	6	7	8	9
8	8	16	24	32	40	48	56	64	72

+8 +8 +8 +8 +8 +8 +8 +8

➡ 8단 곱셈구구에서는 곱하는 수가 1씩 커지면 곱은 8씩 커집니다.

⏱ 그림을 보고 □ 안에 알맞은 수를 써넣으세요. (1~4)

1 (고추의 수) = $4 \times 2 = 8$

2 (감자의 수) = $4 \times 4 = 16$

3 (사과의 수) = $4 \times 5 = 20$

4 (마늘의 수) = $4 \times 6 = 24$

⏱ 그림을 보고 □ 안에 알맞은 수를 써넣으세요. (5~10)

5  (자동차 바퀴의 수) = $4 \times 7 = 28$

6   (복숭아의 수) = $8 \times 2 = 16$

7  (도토리의 수) = $8 \times 3 = 24$

8 (딸기의 수) = $8 \times 4 = 32$

9 (사탕의 수) = $8 \times 5 = 40$

10 (피자 조각의 수) = $8 \times 6 = 48$

 4

4단, 8단 곱셈구구 (2)

월 일

계산은 빠르고 정확하게!

걸린 시간	1~6분	6~9분	9~12분
맞은 개수	26~28개	20~25개	1~19개
평가	참 잘했어요.	잘했어요.	좀더 노력해요.

⏱ □ 안에 알맞은 수를 써넣으세요. (1~12)

1 $4 \times 2 = 8$

2 $8 \times 1 = 8$

3 $4 \times 3 = 12$

4 $8 \times 2 = 16$

5 $4 \times 4 = 16$

6 $8 \times 3 = 24$

7 $4 \times 5 = 20$

8 $8 \times 4 = 32$

9 $4 \times 6 = 24$

10 $8 \times 5 = 40$

11 $4 \times 7 = 28$

12 $8 \times 6 = 48$

⏱ □ 안에 알맞은 수를 써넣으세요. (13~28)

13 $4+4 = 4 \times 2 = 8$

14 $8+8 = 8 \times 2 = 16$

15 $4+4+4 = 4 \times 3 = 12$

16 $8+8+8 = 8 \times 3 = 24$

17 $4+4+4+4 = 4 \times 4 = 16$

18 $8+8+8+8 = 8 \times 4 = 32$

19 $4+4+4+4+4$ $= 4 \times 5 = 20$

20 $8+8+8+8+8$ $= 8 \times 5 = 40$

21 $4+4+4+4+4+4$ $= 4 \times 6 = 24$

22 $8+8+8+8+8+8$ $= 8 \times 6 = 48$

23 $4+4+4+4+4+4+4$ $= 4 \times 7 = 28$

24 $8+8+8+8+8+8+8$ $= 8 \times 7 = 56$

25 $4+4+4+4+4+4+4+4$ $= 4 \times 8 = 32$

26 $8+8+8+8+8+8+8+8$ $= 8 \times 8 = 64$

27 $4+4+4+4+4+4+4+4+4$ $= 4 \times 9 = 36$

28 $8+8+8+8+8+8+8+8+8$ $= 8 \times 9 = 72$

P 32~35

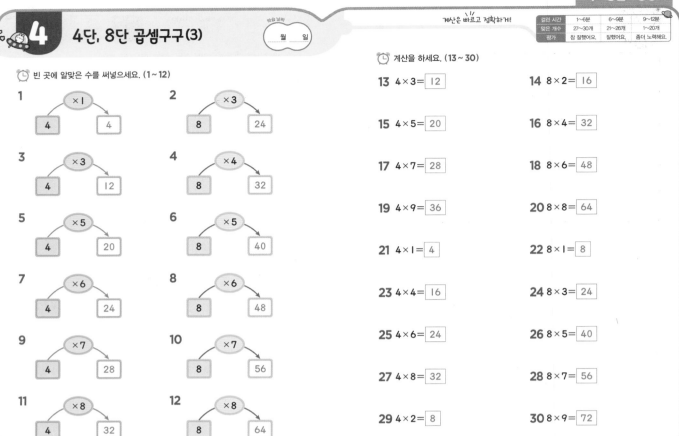

4 4단, 8단 곱셈구구(3)

학습 날짜 월 일

계산은 빠르고 정확하게!

걸린 시간	1~6분	6~9분	9~12분
맞은 개수	27~30개	21~26개	1~20개
평가	참 잘했어요.	잘했어요.	좀더 노력해요.

⏰ 빈 곳에 알맞은 수를 써넣으세요. (1~12)

1 4 →(×1)→ 4

2 8 →(×3)→ 24

3 4 →(×3)→ 12

4 8 →(×4)→ 32

5 4 →(×5)→ 20

6 8 →(×5)→ 40

7 4 →(×6)→ 24

8 8 →(×6)→ 48

9 4 →(×7)→ 28

10 8 →(×7)→ 56

11 4 →(×8)→ 32

12 8 →(×8)→ 64

⏰ 계산을 하세요. (13~30)

13 $4 \times 3 = 12$

14 $8 \times 2 = 16$

15 $4 \times 5 = 20$

16 $8 \times 4 = 32$

17 $4 \times 7 = 28$

18 $8 \times 6 = 48$

19 $4 \times 9 = 36$

20 $8 \times 8 = 64$

21 $4 \times 1 = 4$

22 $8 \times 1 = 8$

23 $4 \times 4 = 16$

24 $8 \times 3 = 24$

25 $4 \times 6 = 24$

26 $8 \times 5 = 40$

27 $4 \times 8 = 32$

28 $8 \times 7 = 56$

29 $4 \times 2 = 8$

30 $8 \times 9 = 72$

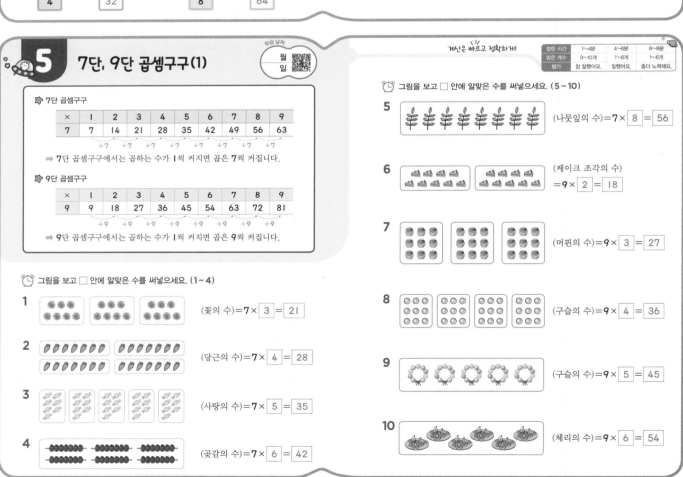

5 7단, 9단 곱셈구구(1)

학습 날짜 월 일

계산은 빠르고 정확하게!

걸린 시간	1~4분	4~6분	6~8분
맞은 개수	9~10개	7~8개	1~6개
평가	참 잘했어요.	잘했어요.	좀더 노력해요.

🔖 **7단 곱셈구구**

×	1	2	3	4	5	6	7	8	9
7	7	14	21	28	35	42	49	56	63

+7 +7 +7 +7 +7 +7 +7 +7

➡ 7단 곱셈구구에서는 곱하는 수가 1씩 커지면 곱은 7씩 커집니다.

🔖 **9단 곱셈구구**

×	1	2	3	4	5	6	7	8	9
9	9	18	27	36	45	54	63	72	81

+9 +9 +9 +9 +9 +9 +9 +9

➡ 9단 곱셈구구에서는 곱하는 수가 1씩 커지면 곱은 9씩 커집니다.

⏰ 그림을 보고 □ 안에 알맞은 수를 써넣으세요. (1~4)

1 (꽃의 수)=$7 \times 3 = 21$

2 (당근의 수)=$7 \times 4 = 28$

3 (사탕의 수)=$7 \times 5 = 35$

4 (곶감의 수)=$7 \times 6 = 42$

⏰ 그림을 보고 □ 안에 알맞은 수를 써넣으세요. (5~10)

5 (나뭇잎의 수)=$7 \times 8 = 56$

6 (케이크 조각의 수)=$9 \times 2 = 18$

7 (머핀의 수)=$9 \times 3 = 27$

8 (구슬의 수)=$9 \times 4 = 36$

9 (구슬의 수)=$9 \times 5 = 45$

10 (체리의 수)=$9 \times 6 = 54$

5 7단, 9단 곱셈구구 (2)

학습 날짜 월 일

계산은 빠르고 정확하게!

걸린 시간	1~6분	6~9분	9~12분
맞은 개수	22~24개	17~21개	1~16개
평가	참 잘했어요.	잘했어요.	좀더 노력해요.

⏰ □ 안에 알맞은 수를 써넣으세요. (1~8)

1 0 ─ 5 ─ 10 ─ 15 $7 \times \boxed{2} = \boxed{14}$

2 0 ─ 5 ─ 10 ─ 15 ─ 20 ─ 25 $7 \times \boxed{3} = \boxed{21}$

3 0 ─ 5 ─ 10 ─ 15 ─ 20 ─ 25 ─ 30 $7 \times \boxed{4} = \boxed{28}$

4 0 ─ 5 ─ 10 ─ 15 ─ 20 ─ 25 ─ 30 ─ 35 $7 \times \boxed{5} = \boxed{35}$

5 0 ─ 5 ─ 10 $9 \times \boxed{1} = \boxed{9}$

6 0 ─ 5 ─ 10 ─ 15 ─ 20 $9 \times \boxed{2} = \boxed{18}$

7 0 ─ 5 ─ 10 ─ 15 ─ 20 ─ 25 ─ 30 $9 \times \boxed{3} = \boxed{27}$

8 0 ─ 5 ─ 10 ─ 15 ─ 20 ─ 25 ─ 30 ─ 35 ─ 40 $9 \times \boxed{4} = \boxed{36}$

⏰ □ 안에 알맞은 수를 써넣으세요. (9~24)

9 $7+7=7 \times \boxed{2} = \boxed{14}$

10 $9+9=9 \times \boxed{2} = \boxed{18}$

11 $7+7+7=7 \times \boxed{3} = \boxed{21}$

12 $9+9+9=9 \times \boxed{3} = \boxed{27}$

13 $7+7+7+7=7 \times \boxed{4} = \boxed{28}$

14 $9+9+9+9=9 \times \boxed{4} = \boxed{36}$

15 $7+7+7+7+7 = 7 \times \boxed{5} = \boxed{35}$

16 $9+9+9+9+9 = 9 \times \boxed{5} = \boxed{45}$

17 $7+7+7+7+7+7 = 7 \times \boxed{6} = \boxed{42}$

18 $9+9+9+9+9+9 = 9 \times \boxed{6} = \boxed{54}$

19 $7+7+7+7+7+7+7 = 7 \times \boxed{7} = \boxed{49}$

20 $9+9+9+9+9+9+9 = 9 \times \boxed{7} = \boxed{63}$

21 $7+7+7+7+7+7+7+7 = 7 \times \boxed{8} = \boxed{56}$

22 $9+9+9+9+9+9+9+9 = 9 \times \boxed{8} = \boxed{72}$

23 $7+7+7+7+7+7+7+7+7 = 7 \times \boxed{9} = \boxed{63}$

24 $9+9+9+9+9+9+9+9+9 = 9 \times \boxed{9} = \boxed{81}$

---

 5 7단, 9단 곱셈구구 (3)

학습 날짜 월 일

계산은 빠르고 정확하게!

걸린 시간	1~6분	6~9분	9~12분
맞은 개수	27~30개	21~26개	1~20개
평가	참 잘했어요.	잘했어요.	좀더 노력해요.

⏰ 빈 곳에 알맞은 수를 써넣으세요. (1~12)

1 7 ─(×1)→ 7

2 9 ─(×3)→ 27

3 7 ─(×3)→ 21

4 9 ─(×5)→ 45

5 7 ─(×5)→ 35

6 9 ─(×7)→ 63

7 7 ─(×7)→ 49

8 9 ─(×9)→ 81

9 7 ─(×4)→ 28

10 9 ─(×4)→ 36

11 7 ─(×6)→ 42

12 9 ─(×6)→ 54

⏰ 계산을 하세요. (13~30)

13 $7 \times 2 = \boxed{14}$

14 $9 \times 1 = \boxed{9}$

15 $7 \times 4 = \boxed{28}$

16 $9 \times 3 = \boxed{27}$

17 $7 \times 6 = \boxed{42}$

18 $9 \times 5 = \boxed{45}$

19 $7 \times 8 = \boxed{56}$

20 $9 \times 7 = \boxed{63}$

21 $7 \times 1 = \boxed{7}$

22 $9 \times 9 = \boxed{81}$

23 $7 \times 3 = \boxed{21}$

24 $9 \times 2 = \boxed{18}$

25 $7 \times 5 = \boxed{35}$

26 $9 \times 4 = \boxed{36}$

27 $7 \times 7 = \boxed{49}$

28 $9 \times 6 = \boxed{54}$

29 $7 \times 9 = \boxed{63}$

30 $9 \times 8 = \boxed{72}$

6 1단 곱셈구구와 0의 곱(1)

학습 날짜
월 일

🔷 1단 곱셈구구

×	1	2	3	4	5	6	7	8	9
1	1	2	3	4	5	6	7	8	9

+1 +1 +1 +1 +1 +1 +1 +1

➡ 1과 어떤 수의 곱은 항상 어떤 수입니다.
➡ 1 × ■ = ■

🔷 0의 곱 알아보기

×	1	2	3	4	5	6	7	8	9
0	0	0	0	0	0	0	0	0	0

➡ 0과 어떤 수, 어떤 수와 0의 곱은 항상 0입니다.
➡ 0 × ■ = 0, ■ × 0 = 0

🕐 그림을 보고 □ 안에 알맞은 수를 써넣으세요. (1~4)

1
(사탕의 수) = 1 × 2 = 2

2
(인형의 수) = 1 × 3 = 3

3
(케이크의 수) = 1 × 4 = 4

4
(꽃의 수) = 1 × 5 = 5

계산은 빠르고 정확하게!

걸린 시간	1~3분	3~5분	5~7분
맞은 개수	9~10개	7~8개	1~6개
평가	참 잘했어요.	잘했어요.	좀더 노력해요.

🕐 그림을 보고 □ 안에 알맞은 수를 써넣으세요. (5~10)

5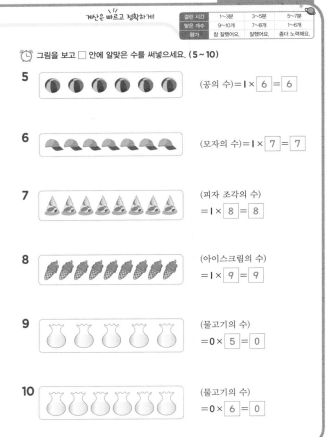
(공의 수) = 1 × 6 = 6

6
(모자의 수) = 1 × 7 = 7

7
(피자 조각의 수)
= 1 × 8 = 8

8
(아이스크림의 수)
= 1 × 9 = 9

9
(물고기의 수)
= 0 × 5 = 0

10
(물고기의 수)
= 0 × 6 = 0

---

6 1단 곱셈구구와 0의 곱(2)

학습 날짜
월 일

🕐 빈 곳에 알맞은 수를 써넣으세요. (1~12)

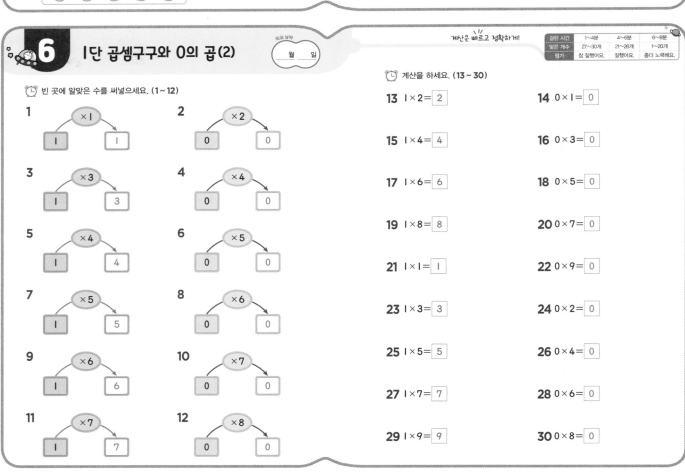

1 (×1) 1 → 1

2 (×2) 0 → 0

3 (×3) 1 → 3

4 (×4) 0 → 0

5 (×4) 1 → 4

6 (×5) 0 → 0

7 (×5) 1 → 5

8 (×6) 0 → 0

9 (×6) 1 → 6

10 (×7) 0 → 0

11 (×7) 1 → 7

12 (×8) 0 → 0

계산은 빠르고 정확하게!

걸린 시간	1~4분	4~6분	6~8분
맞은 개수	27~30개	21~26개	1~20개
평가	참 잘했어요.	잘했어요.	좀더 노력해요.

🕐 계산을 하세요. (13~30)

13 1×2 = 2   **14** 0×1 = 0

15 1×4 = 4   **16** 0×3 = 0

17 1×6 = 6   **18** 0×5 = 0

19 1×8 = 8   **20** 0×7 = 0

21 1×1 = 1   **22** 0×9 = 0

23 1×3 = 3   **24** 0×2 = 0

25 1×5 = 5   **26** 0×4 = 0

27 1×7 = 7   **28** 0×6 = 0

29 1×9 = 9   **30** 0×8 = 0

7 곱셈표 만들기(1)

학습 날짜
월
일

×	1	2	3	4	5
1	1	2	3	4	5
2	2	4	6	8	10
3	3	6	9	12	15
4	4	8	12	16	20
5	5	10	15	20	25

- 5 는 가로줄 5와 세로줄 1의 곱입니다. ➡ 1×5=5, 5×1=5
- ★의 단 곱셈구구에서는 곱이 ★씩 커집니다.
- 12 와 같이 곱하는 두 수의 순서를 바꾸어도 곱이 같습니다.
  ➡ 3×4= 12 , 4×3= 12

계산은 빠르고 정확하게!

걸린 시간	1~8분	8~12분	12~16분
맞은 개수	18~20개	14~17개	1~13개
평가	참 잘했어요.	잘했어요.	좀더 노력해요.

🕐 빈칸에 알맞은 수를 써넣으세요. (1~8)

1

×	1	2	3	4	5
1	1	2	3	4	5

2

×	2	3	4	5	6
2	4	6	8	10	12

3

×	3	4	5	6	7
3	9	12	15	18	21

4

×	4	5	6	7	8
4	16	20	24	28	32

5

×	1	2	3	4	5
5	5	10	15	20	25

6

×	2	3	4	5	6
6	12	18	24	30	36

7

×	3	4	5	6	7
7	21	28	35	42	49

8

×	4	5	6	7	8
8	32	40	48	56	64

🕐 빈칸에 알맞은 수를 써넣으세요. (9~20)

9

×	2	3	4	5	6
0	0	0	0	0	0

10

×	3	4	5	6	7
1	3	4	5	6	7

11

×	4	5	6	7	8
2	8	10	12	14	16

12

×	5	6	7	8	9
3	15	18	21	24	27

13

×	1	2	3	4	5
4	4	8	12	16	20

14

×	5	6	7	8	9
5	25	30	35	40	45

15

×	5	6	7	8	9
6	30	36	42	48	54

16

×	1	2	3	4	5
7	7	14	21	28	35

17

×	2	3	4	5	6
8	16	24	32	40	48

18

×	3	4	5	6	7
9	27	36	45	54	63

19

×	4	5	6	7	8
7	28	35	42	49	56

20

×	5	6	7	8	9
4	20	24	28	32	36

7 곱셈표 만들기(2)

학습 날짜
월
일

계산은 빠르고 정확하게!

걸린 시간	1~12분	12~18분	18~24분
맞은 개수	11~12개	8~10개	1~7개
평가	참 잘했어요.	잘했어요.	좀더 노력해요.

🕐 빈칸에 알맞은 수를 써넣어 곱셈표를 완성하세요. (1~6)

1

×	1	2	3	4
2	2	4	6	8
3	3	6	9	12
4	4	8	12	16
5	5	10	15	20

2

×	2	3	4	5
3	6	9	12	15
4	8	12	16	20
5	10	15	20	25
6	12	18	24	30

3

×	3	4	5	6
4	12	16	20	24
5	15	20	25	30
6	18	24	30	36
7	21	28	35	42

4

×	4	5	6	7
5	20	25	30	35
6	24	30	36	42
7	28	35	42	49
8	32	40	48	56

5

×	5	6	7	8
6	30	36	42	48
7	35	42	49	56
8	40	48	56	64
9	45	54	63	72

6

×	6	7	8	9
3	18	21	24	27
4	24	28	32	36
5	30	35	40	45
6	36	42	48	54

🕐 빈칸에 알맞은 수를 써넣어 곱셈표를 완성하세요. (7~12)

7

×	1	2	3	4
6	6	12	18	24
7	7	14	21	28
8	8	16	24	32
9	9	18	27	36

8

×	2	3	4	5
5	10	15	20	25
6	12	18	24	30
7	14	21	28	35
8	16	24	32	40

9

×	3	4	5	6
5	15	20	25	30
6	18	24	30	36
7	21	28	35	42
8	24	32	40	48

10

×	4	5	6	7
6	24	30	36	42
7	28	35	42	49
8	32	40	48	56
9	36	45	54	63

11

×	5	6	7	8
5	25	30	35	40
6	30	36	42	48
7	35	42	49	56
8	40	48	56	64

12

×	6	7	8	9
6	36	42	48	54
7	42	49	56	63
8	48	56	64	72
9	54	63	72	81

 정답

P 48~51

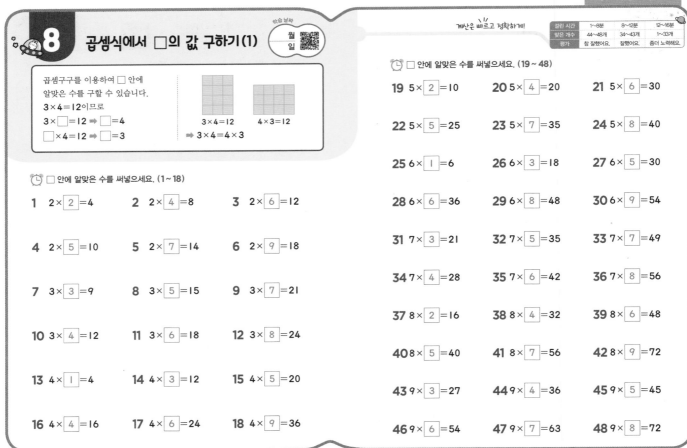

8 곱셈식에서 □의 값 구하기 (1)

학습 날짜 월 일

곱셈구구를 이용하여 □ 안에 알맞은 수를 구할 수 있습니다.
3×4=12이므로
3×□=12 ➡ □=4
□×4=12 ➡ □=3

3×4=12   4×3=12
➡ 3×4=4×3

계산은 빠르고 정확하게!

걸린 시간	1~8분	8~12분	12~16분
맞은 개수	44~48개	34~43개	1~33개
평가	참 잘했어요.	잘했어요.	좀더 노력해요.

□ 안에 알맞은 수를 써넣으세요. (1~18)

1 2×2=4
2 2×4=8
3 2×6=12
4 2×5=10
5 2×7=14
6 2×9=18
7 3×3=9
8 3×5=15
9 3×7=21
10 3×4=12
11 3×6=18
12 3×8=24
13 4×1=4
14 4×3=12
15 4×5=20
16 4×4=16
17 4×6=24
18 4×9=36

□ 안에 알맞은 수를 써넣으세요. (19~48)

19 5×2=10
20 5×4=20
21 5×6=30
22 5×5=25
23 5×7=35
24 5×8=40
25 6×1=6
26 6×3=18
27 6×5=30
28 6×6=36
29 6×8=48
30 6×9=54
31 7×3=21
32 7×5=35
33 7×7=49
34 7×4=28
35 7×6=42
36 7×8=56
37 8×2=16
38 8×4=32
39 8×6=48
40 8×5=40
41 8×7=56
42 8×9=72
43 9×3=27
44 9×4=36
45 9×5=45
46 9×6=54
47 9×7=63
48 9×8=72

8 곱셈식에서 □의 값 구하기 (2)

학습 날짜 월 일

계산은 빠르고 정확하게!

걸린 시간	1~8분	8~12분	12~16분
맞은 개수	44~48개	34~43개	1~33개
평가	참 잘했어요.	잘했어요.	좀더 노력해요.

□ 안에 알맞은 수를 써넣으세요. (1~24)

1 3×2=6
2 5×2=10
3 6×2=12
4 7×2=14
5 8×2=16
6 9×2=18
7 3×3=9
8 5×3=15
9 6×3=18
10 7×3=21
11 8×3=24
12 9×3=27
13 2×4=8
14 3×4=12
15 5×4=20
16 6×4=24
17 7×4=28
18 8×4=32
19 3×5=15
20 4×5=20
21 5×5=25
22 6×5=30
23 7×5=35
24 9×5=45

□ 안에 알맞은 수를 써넣으세요. (25~48)

25 1×6=6
26 3×6=18
27 5×6=30
28 4×6=24
29 6×6=36
30 8×6=48
31 2×7=14
32 4×7=28
33 6×7=42
34 5×7=35
35 7×7=49
36 9×7=63
37 3×8=24
38 5×8=40
39 7×8=56
40 4×8=32
41 6×8=48
42 9×8=72
43 2×9=18
44 4×9=36
45 6×9=54
46 5×9=45
47 7×9=63
48 9×9=81

8 곱셈식에서 □의 값 구하기 (3)

학습 날짜 월 일

계산은 빠르고 정확하게!

□ 안에 알맞은 수를 써넣으세요. (1~16)

1 5×4=4×[5]
2 8×9=[9]×8
3 6×3=3×[6]
4 7×8=[8]×7
5 7×2=2×[7]
6 6×7=[7]×6
7 9×5=5×[9]
8 5×6=[6]×5
9 8×4=4×[8]
10 4×5=[5]×4
11 7×3=3×[7]
12 3×4=[4]×3
13 6×7=7×[6]
14 8×5=[5]×8
15 7×9=9×[7]
16 6×4=[4]×6

□ 안에 알맞은 수를 써넣으세요. (17~32)

17 [9]×4=4×9
18 2×[8]=8×2
19 [8]×5=5×8
20 3×[7]=7×3
21 [7]×6=6×7
22 4×[9]=9×4
23 [7]×5=5×7
24 5×[9]=9×5
25 [3]×8=8×3
26 6×[8]=8×6
27 [2]×9=9×2
28 7×[4]=4×7
29 [3]×6=2×9
30 6×[2]=3×4
31 [8]×2=4×4
32 4×[6]=8×3

9 신기한 연산

학습 날짜 월 일

계산은 빠르고 정확하게!

보기에서 규칙을 찾아 빈칸에 알맞은 수를 써넣으세요. (1~6)

보기

2	6	3
	24	
2	4	2

1	4	4
	36	
3	9	3

1
2	8	4
	40	
5	5	1

2
6	6	1
	36	
2	6	3

3
3	6	2
	42	
7	7	1

4
3	6	2
	30	
5	5	1

5
2	8	4
	48	
2	6	3

6
3	9	3
	72	
2	8	4

빈칸에 알맞은 수를 써넣어 곱셈표를 완성하세요. (단, 색칠한 부분에는 한 자리 수를 넣습니다.) (7~12)

7
×	4	5	6
2	8	10	12
3	12	15	18
5	20	25	30

8
×	2	4	5
3	6	12	15
6	12	24	30
9	18	36	45

9
×	6	3	4
4	24	12	16
6	36	18	24
8	48	24	32

10
×	2	6	8
3	6	18	24
7	14	42	56
9	18	54	72

11
×	7	5	3
2	14	10	6
6	42	30	18
4	28	20	12

12
×	9	8	7
2	18	16	14
6	54	48	42
4	36	32	28

확인 평가

걸린 시간	1~12분	12~18분	18~24분
맞은 개수	37~41개	29~36개	1~28개
평가	참 잘했어요.	잘했어요.	좀더 노력해요.

□ 안에 알맞은 수를 써넣으세요. (1 ~ 6)

1  ➡ 5의 4 배
➡ 5 + 5 + 5 + 5 = 20
➡ 5 × 4 = 20

2  ➡ 6의 4 배
➡ 6 + 6 + 6 + 6 = 24
➡ 6 × 4 = 24

3  ➡ 3의 5 배
➡ 3 + 3 + 3 + 3 + 3 = 15
➡ 3 × 5 = 15

4 ➡ 4 × 3 = 12
➡ 3 × 4 = 12

5 ➡ 6 × 3 = 18
➡ 3 × 6 = 18

6 ➡ 7 × 4 = 28
➡ 4 × 7 = 28

빈칸에 알맞은 수를 써넣으세요. (7 ~ 13)

7

×	1	2	3	4	5	6	7	8	9
3	3	6	9	12	15	18	21	24	27

8

×	0	1	2	3	4	5	6	7	8
4	0	4	8	12	16	20	24	28	32

9

×	1	2	3	4	5	6	7	8	9
5	5	10	15	20	25	30	35	40	45

10

×	0	1	2	3	4	5	6	7	8
6	0	6	12	18	24	30	36	42	48

11

×	1	2	3	4	5	6	7	8	9
7	7	14	21	28	35	42	49	56	63

12

×	0	1	2	3	4	5	6	7	8
8	0	8	16	24	32	40	48	56	64

13

×	1	2	3	4	5	6	7	8	9
9	9	18	27	36	45	54	63	72	81

확인 평가

크라운을 도전하세요

□ 안에 알맞은 수를 써넣으세요. (14 ~ 41)

14 2 × 3 = 6 **15** 2 × 5 = 10 **16** 2 × 7 = 14

17 3 × 4 = 12 **18** 3 × 7 = 21 **19** 3 × 9 = 27

20 5 × 3 = 15 **21** 5 × 6 = 30 **22** 5 × 8 = 40

23 7 × 7 = 49 **24** 7 × 6 = 42 **25** 7 × 8 = 56

26 5 × 4 = 20 **27** 7 × 4 = 28 **28** 9 × 4 = 36

29 3 × 6 = 18 **30** 7 × 6 = 42 **31** 9 × 6 = 54

32 2 × 8 = 16 **33** 5 × 8 = 40 **34** 8 × 8 = 64

35 6 × 6 = 36 **36** 6 × 9 = 54 **37** 8 × 9 = 72

38 7 × 5 = 5 × 7 **39** 4 × 6 = 6 × 4

40 8 × 4 = 4 × 8 **41** 9 × 3 = 3 × 9

 크라운 **온라인 평가 응시 방법**

에듀왕닷컴 접속 www.eduwang.com
⊗
메인 상단 메뉴에서 단원평가 클릭
⊗
단계 및 단원 선택
⊗
온라인 단원평가 실시(30분 동안 평가 실시)
⊗
크라운 확인

각 단원평가를 통해 100점을 받으시면 크라운 1개를 드리며, 획득하신 크라운으로 에듀왕 닷컴에서 판매하고 있는 교재 및 서비스를 무료로 구매하실 수 있습니다.

(크라운 1개 – 1000원)

1 cm보다 더 큰 단위 알아보기

월 일

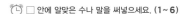

➡ 1 m 알아보기

1 m

- 100 cm를 1미터라고 합니다.
- 1미터는 1 m라고 씁니다.

100 cm=1 m

➡ 몇 m 몇 cm 알아보기

- 168 cm는 1 m보다 68 cm 더 깁니다.
- 168 cm는 1 m 68 cm라고도 씁니다.
- 1 m 68 cm를 1미터 68센티미터라고 읽습니다.

168 cm=1 m 68 cm

□ 안에 알맞은 수나 말을 써넣으세요. (1~6)

1 식탁의 가로의 길이는 150 cm입니다.

150 cm는 100 cm보다 50 cm 더 깁니다.

➡ 식탁의 가로의 길이는 1 m보다 50 cm 더 깁니다.

2 150 cm= 100 cm+50 cm= 1 m+50 cm= 1 m 50 cm

3 1 m 50 cm는 1 미터 50 센티미터 라고 읽습니다.

4 유승이의 키는 138 cm입니다.

138 cm는 100 cm보다 38 cm 더 깁니다.

➡ 유승이의 키는 1 m보다 38 cm 더 깁니다.

5 138 cm= 100 cm+ 38 cm= 1 m+ 38 cm= 1 m 38 cm

6 1 m 38 cm는 1 미터 38 센티미터 라고 읽습니다.

걸린 시간	1~5분	5~8분	8~10분
맞은 개수	24~26개	19~23개	1~18개
평가	참 잘했어요.	잘했어요.	좀더 노력해요.

□ 안에 알맞은 수를 써넣으세요. (7~26)

7 3 m= 300 cm

8 245 cm= 2 m 45 cm

9 5 m= 500 cm

10 360 cm= 3 m 60 cm

11 6 m= 600 cm

12 539 cm= 5 m 39 cm

13 8 m= 800 cm

14 723 cm= 7 m 23 cm

15 9 m= 900 cm

16 675 cm= 6 m 75 cm

17 2 m=200 cm

18 256 cm=2 m 56 cm

19 4 m=400 cm

20 450 cm=4 m 50 cm

21 6 m=600 cm

22 575 cm=5 m 75 cm

23 7 m=700 cm

24 804 cm=8 m 4 cm

25 9 m=900 cm

26 707 cm=7 m 7 cm

2 받아올림이 없는 길이의 합(1)

월 일

➡ 1 m 35 cm+2 m 23 cm의 계산

cm는 cm끼리, m는 m끼리 더합니다.

〈세로셈〉

	1	m	35	cm
+	2	m	23	cm
	3	m	58	cm

〈가로셈〉

35+23=58

1 m 35 cm+2 m 23 cm=3 m 58 cm

1+2=3

걸린 시간	1~4분	4~6분	6~8분
맞은 개수	18~20개	14~17개	1~13개
평가	참 잘했어요.	잘했어요.	좀더 노력해요.

길이의 합을 구하세요. (1~8)

1

	2	m	40	cm
+	3	m	10	cm
	5	m	50	cm

2

	3	m	30	cm
+	4	m	50	cm
	7	m	80	cm

3

	3	m	54	cm
+	5	m	23	cm
	8	m	77	cm

4

	3	m	52	cm
+	3	m	27	cm
	6	m	79	cm

5

	3	m	35	cm
+	4	m	24	cm
	7	m	59	cm

6

	5	m	55	cm
+	4	m	33	cm
	9	m	88	cm

7

	2	m	36	cm
+	4	m	42	cm
	6	m	78	cm

8

	4	m	47	cm
+	5	m	51	cm
	9	m	98	cm

□ 안에 알맞은 수를 써넣으세요. (9~20)

9

	4	m	50	cm
+	2	m	10	cm
	6	m	60	cm

10

	5	m	30	cm
+	3	m	40	cm
	8	m	70	cm

11

	4	m	57	cm
+	3	m	20	cm
	7	m	77	cm

12

	3	m	33	cm
+	2	m	24	cm
	5	m	57	cm

13

	6	m	12	cm
+	1	m	55	cm
	7	m	67	cm

14

	3	m	24	cm
+	2	m	64	cm
	5	m	88	cm

15

	5	m	27	cm
+	3	m	42	cm
	8	m	69	cm

16

	4	m	38	cm
+	5	m	25	cm
	9	m	63	cm

17

	3	m	43	cm
+	5	m	19	cm
	8	m	62	cm

18

	4	m	29	cm
+	4	m	45	cm
	8	m	74	cm

19

	6	m	58	cm
+	2	m	14	cm
	8	m	72	cm

20

	7	m	26	cm
+	2	m	64	cm
	9	m	90	cm

2 받아올림이 없는 길이의 합(2)

계산은 빠르고 정확하게!

걸린 시간	1~5분	5~8분	8~10분
맞은 개수	20~22개	16~19개	1~15개
평가	참 잘했어요.	잘했어요.	좀더 노력해요.

□ 안에 알맞은 수를 써넣으세요. (1~12)

1 4 m 20 cm+2 m 30 cm
=6 m 50 cm

2 2 m 20 cm+3 m 52 cm
= 5 m 72 cm

3 4 m 29 cm+3 m 40 cm
= 7 m 69 cm

4 4 m 23 cm+2 m 25 cm
= 6 m 48 cm

5 6 m 24 cm+2 m 36 cm
= 8 m 60 cm

6 3 m 26 cm+5 m 43 cm
= 8 m 69 cm

7 3 m 42 cm+3 m 42 cm
= 6 m 84 cm

8 5 m 53 cm+2 m 35 cm
= 7 m 88 cm

9 6 m 37 cm+2 m 35 cm
= 8 m 72 cm

10 5 m 47 cm+2 m 44 cm
= 7 m 91 cm

11 4 m 36 cm+5 m 49 cm
= 9 m 85 cm

12 7 m 54 cm+2 m 28 cm
= 9 m 82 cm

빈 곳에 알맞은 길이를 써넣으세요. (13~22)

13 3 m 10 cm —(+1 m 20 cm)→ 4 m 30 cm

14 2 m 50 cm —(+4 m 30 cm)→ 6 m 80 cm

15 1 m 20 cm —(+4 m 50 cm)→ 5 m 70 cm

16 4 m 28 cm —(+3 m 40 cm)→ 7 m 68 cm

17 3 cm 50 cm —(+2 m 36 cm)→ 5 m 86 cm

18 3 m 45 cm —(+4 m 24 cm)→ 7 m 69 cm

19 4 m 26 cm —(+3 m 52 cm)→ 7 m 78 cm

20 3 m 45 cm —(+4 m 45 cm)→ 7 m 90 cm

21 4 m 46 cm —(+3 m 25 cm)→ 7 m 71 cm

22 2 m 27 cm —(+6 m 39 cm)→ 8 m 66 cm

3 받아올림이 있는 길이의 합(1)

🌟 1 m 46 cm+2 m 85 cm의 계산
- cm는 cm끼리, m는 m끼리 더합니다.
- 1 m=100 cm이므로 cm끼리의 합이 100이거나 100보다 크면 100 cm를 1 m로 받아올림합니다.

〈세로셈〉

	1	
	1 m	46 cm
+	2 m	85 cm
	4 m	31 cm

〈가로셈〉

46+85=131
1 m 46 cm+2 m 85 cm=3 m 131 cm
1+2=3   =4 m 31 cm

계산은 빠르고 정확하게!

걸린 시간	1~5분	5~8분	8~10분
맞은 개수	17~18개	13~16개	1~12개
평가	참 잘했어요.	잘했어요.	좀더 노력해요.

길이의 합을 구하세요. (1~6)

1
	1	
	1 m	66 cm
+	3 m	55 cm
	5 m	21 cm

2
	1	
	3 m	85 cm
+	2 m	37 cm
	6 m	22 cm

3
	1	
	2 m	78 cm
+	5 m	54 cm
	8 m	32 cm

4
	1	
	4 m	59 cm
+	2 m	76 cm
	7 m	35 cm

5
	1	
	4 m	95 cm
+	2 m	29 cm
	7 m	24 cm

6
	1	
	5 m	47 cm
+	3 m	68 cm
	9 m	15 cm

□ 안에 알맞은 수를 써넣으세요. (7~18)

7
	1	
	1 m	36 cm
+	1 m	74 cm
	3 m	10 cm

8
	1	
	2 m	58 cm
+	1 m	62 cm
	4 m	20 cm

9
	1	
	3 m	66 cm
+	4 m	88 cm
	8 m	54 cm

10
	1	
	4 m	74 cm
+	2 m	39 cm
	7 m	13 cm

11
	1	
	5 m	27 cm
+	2 m	83 cm
	8 m	10 cm

12
	1	
	6 m	35 cm
+	1 m	95 cm
	8 m	30 cm

13
	1	
	3 m	54 cm
+	2 m	77 cm
	6 m	31 cm

14
	1	
	4 m	96 cm
+	4 m	55 cm
	9 m	51 cm

15
	1	
	5 m	55 cm
+	7 m	77 cm
	13 m	32 cm

16
	1	
	8 m	32 cm
+	4 m	75 cm
	13 m	7 cm

17
	1	
	9 m	84 cm
+	2 m	76 cm
	12 m	60 cm

18
	1	
	5 m	78 cm
+	9 m	67 cm
	15 m	45 cm

3 받아올림이 있는 길이의 합(2)

학습 날짜 월 일

계산은 빠르고 정확하게!

걸린 시간	1~6분	6~9분	9~12분
맞은 개수	20~22개	16~19개	1~15개
평가	참 잘했어요.	잘했어요.	좀더 노력해요.

□ 안에 알맞은 수를 써넣으세요. (1~12)

1 2 m 85 cm＋2 m 42 cm
＝ 5 m 27 cm

2 3 m 36 cm＋3 m 87 cm
＝7 m 23 cm

3 3 m 68 cm＋2 m 84 cm
＝ 6 m 52 cm

4 3 m 52 cm＋5 m 78 cm
＝ 9 m 30 cm

5 3 m 54 cm＋4 m 72 cm
＝ 8 m 26 cm

6 6 m 94 cm＋2 m 88 cm
＝ 9 m 82 cm

7 4 m 48 cm＋8 m 85 cm
＝ 13 m 33 cm

8 7 m 38 cm＋4 m 94 cm
＝ 12 m 32 cm

9 6 m 59 cm＋7 m 86 cm
＝ 14 m 45 cm

10 9 m 74 cm＋8 m 56 cm
＝ 18 m 30 cm

11 8 m 36 cm＋84 cm
＝ 9 m 20 cm

12 76 cm＋4 m 88 cm
＝ 5 m 64 cm

빈 곳에 알맞은 길이를 써넣으세요. (13~22)

13 2 m 60 cm ＋1 m 50 cm 4 m 10 cm

14 1 m 70 cm ＋4 m 85 cm 6 m 55 cm

15 3 m 75 cm ＋3 m 80 cm 7 m 55 cm

16 2 m 26 cm ＋3 m 94 cm 6 m 20 cm

17 3 m 65 cm ＋4 m 55 cm 8 m 20 cm

18 3 m 50 cm ＋4 m 84 cm 8 m 34 cm

19 4 m 64 cm ＋2 m 75 cm 7 m 39 cm

20 5 m 35 cm ＋1 m 97 cm 7 m 32 cm

21 4 m 45 cm ＋3 m 89 cm 8 m 34 cm

22 7 m 84 cm ＋5 m 39 cm 13 m 23 cm

---

4 받아내림이 없는 길이의 차(1)

학습 날짜 월 일

계산은 빠르고 정확하게!

걸린 시간	1~5분	5~8분	8~10분
맞은 개수	18~20개	14~17개	1~13개
평가	참 잘했어요.	잘했어요.	좀더 노력해요.

★ 2 m 85 cm－1 m 23 cm의 계산
• cm는 cm끼리, m는 m끼리 뺍니다.

〈세로셈〉

```
    2 m 85 cm
－ 1 m 23 cm
    1 m 62 cm
```

〈가로셈〉

85－23＝62
2 m 85 cm－1 m 23 cm＝1 m 62 cm
2－1＝1

□ 안에 알맞은 수를 써넣으세요. (9~20)

길이의 차를 구하세요. (1~8)

1
```
    4 m 60 cm
－ 2 m 35 cm
    2 m 25 cm
```

2
```
    8 m 69 cm
－ 5 m 43 cm
    3 m 26 cm
```

3
```
    3 m 54 cm
－ 1 m 32 cm
    2 m 22 cm
```

4
```
    9 m 95 cm
－ 2 m 53 cm
    7 m 42 cm
```

5
```
    8 m 70 cm
－ 2 m 12 cm
    6 m 58 cm
```

6
```
    5 m 82 cm
－ 2 m 64 cm
    3 m 18 cm
```

7
```
    7 m 63 cm
－ 3 m 45 cm
    4 m 18 cm
```

8
```
    6 m 45 cm
－ 2 m 24 cm
    4 m 21 cm
```

9
```
    5 m 80 cm
－ 2 m 30 cm
    3 m 50 cm
```

10
```
    7 m 45 cm
－ 6 m 10 cm
    1 m 35 cm
```

11
```
    4 m 50 cm
－ 2 m 15 cm
    2 m 35 cm
```

12
```
    6 m 98 cm
－ 2 m 45 cm
    4 m 53 cm
```

13
```
    8 m 87 cm
－ 3 m 22 cm
    5 m 65 cm
```

14
```
    5 m 68 cm
－ 1 m 42 cm
    4 m 26 cm
```

15
```
    9 m 86 cm
－ 2 m 48 cm
    7 m 38 cm
```

16
```
    7 m 57 cm
－ 3 m 26 cm
    4 m 31 cm
```

17
```
    8 m 83 cm
－ 3 m 28 cm
    5 m 55 cm
```

18
```
    9 m 62 cm
－ 5 m 36 cm
    4 m 26 cm
```

19
```
    12 m 43 cm
－ 7 m 26 cm
    5 m 17 cm
```

20
```
    15 m 72 cm
－ 9 m 34 cm
    6 m 38 cm
```

4 받아내림이 없는 길이의 차(2)

 월 일

계산은 빠르고 정확하게!

걸린 시간	1~6분	6~9분	9~12분
맞은 개수	20~22개	16~19개	1~15개
평가	참 잘했어요.	잘했어요.	좀더 노력해요.

⏰ □ 안에 알맞은 수를 써넣으세요. (1~12)

1 6 m 28 cm − 3 m 10 cm
= **3** m **18** cm

2 5 m 42 cm − 2 m 12 cm
= **3** m **30** cm

3 8 m 48 cm − 4 m 25 cm
= **4** m **23** cm

4 6 m 85 cm − 2 m 43 cm
= **4** m **42** cm

5 6 m 36 cm − 3 m 25 cm
= **3** m **11** cm

6 9 m 75 cm − 2 m 44 cm
= **7** m **31** cm

7 7 m 47 cm − 2 m 33 cm
= **5** m **14** cm

8 8 m 65 cm − 3 m 34 cm
= **5** m **31** cm

9 8 m 52 cm − 6 m 35 cm
= **2** m **17** cm

10 3 m 72 cm − 2 m 38 cm
= **1** m **34** cm

11 12 m 45 cm − 7 m 27 cm
= **5** m **18** cm

12 15 m 84 cm − 9 m 37 cm
= **6** m **47** cm

⏰ 빈 곳에 알맞은 길이를 써넣으세요. (13~22)

13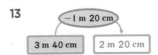
3 m 40 cm → −1 m 20 cm → 2 m 20 cm

14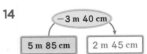
5 m 85 cm → −3 m 40 cm → 2 m 45 cm

15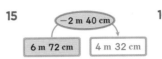
6 m 72 cm → −2 m 40 cm → 4 m 32 cm

16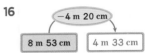
8 m 53 cm → −4 m 20 cm → 4 m 33 cm

17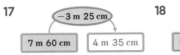
7 m 60 cm → −3 m 25 cm → 4 m 35 cm

18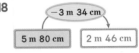
5 m 80 cm → −3 m 34 cm → 2 m 46 cm

19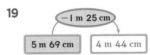
5 m 69 cm → −1 m 25 cm → 4 m 44 cm

20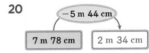
7 m 78 cm → −5 m 44 cm → 2 m 34 cm

21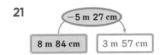
8 m 84 cm → −5 m 27 cm → 3 m 57 cm

22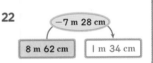
8 m 62 cm → −7 m 28 cm → 1 m 34 cm

5 받아내림이 있는 길이의 차(1)

 월 일

계산은 빠르고 정확하게!

걸린 시간	1~5분	5~8분	8~10분
맞은 개수	17~18개	13~16개	1~12개
평가	참 잘했어요.	잘했어요.	좀더 노력해요.

🔎 4 m 24 cm − 2 m 52 cm의 계산
· cm는 cm끼리, m는 m끼리 계산합니다.
· cm끼리 뺄 수 없으면 1 m를 100 cm로 받아내림합니다.

〈세로셈〉
```
      3   100
      4̶ m  24 cm
  −   2 m  52 cm
      1 m  72 cm
```

〈가로셈〉
4 m 24 cm − 2 m 52 cm
= 3 m 124 cm − 2 m 52 cm
= 1 m 72 cm

⏰ 길이의 합을 구하세요. (1~6)

1
```
     7   100
     8̶ m  30 cm
  −  3 m  90 cm
     4 m  40 cm
```

2
```
     4   100
     5̶ m  50 cm
  −  2 m  60 cm
     2 m  90 cm
```

3
```
     7   100
     8̶ m  50 cm
  −  2 m  89 cm
     5 m  61 cm
```

4
```
     8   100
     9̶ m  35 cm
  −  2 m  70 cm
     6 m  65 cm
```

5
```
     3   100
     4̶ m  24 cm
  −  2 m  58 cm
     1 m  66 cm
```

6
```
     4   100
     5̶ m  35 cm
  −  2 m  98 cm
     2 m  37 cm
```

⏰ □ 안에 알맞은 수를 써넣으세요. (7~18)

7
```
     5   100
     6̶ m  60 cm
  −  2 m  80 cm
     3 m  80 cm
```

8
```
     8   100
     9̶ m  30 cm
  −  6 m  70 cm
     2 m  60 cm
```

9
```
     3   100
     4̶ m  25 cm
  −  2 m  50 cm
     1 m  75 cm
```

10
```
     5   100
     6̶ m  58 cm
  −  2 m  80 cm
     3 m  78 cm
```

11
```
     7   100
     8̶ m  60 cm
  −  3 m  72 cm
     4 m  88 cm
```

12
```
     4   100
     5̶ m  20 cm
  −  3 m  42 cm
     1 m  78 cm
```

13
```
     8   100
     9̶ m  37 cm
  −  2 m  45 cm
     6 m  92 cm
```

14
```
     6   100
     7̶ m  45 cm
  −  3 m  86 cm
     3 m  59 cm
```

15
```
     7   100
     8̶ m  35 cm
  −  3 m  68 cm
     4 m  67 cm
```

16
```
     8   100
     9̶ m  62 cm
  −  5 m  85 cm
     3 m  77 cm
```

17
```
     6   100
     7̶ m  26 cm
  −  3 m  59 cm
     3 m  67 cm
```

18
```
     7   100
     8̶ m  54 cm
  −  2 m  75 cm
     5 m  79 cm
```

5 받아내림이 있는 길이의 차(2)

월 일

걸린 시간	1~8분	8~12분	12~16분
맞은 개수	20~22개	16~19개	1~15개
평가	참 잘했어요.	잘했어요.	좀더 노력해요.

□ 안에 알맞은 수를 써넣으세요. (1 ~ 12)

1 7 m 34 cm − 2 m 80 cm
= 4 m 54 cm

2 6 m 15 cm − 2 m 70 cm
= 3 m 45 cm

3 4 m 50 cm − 1 m 65 cm
= 2 m 85 cm

4 6 m 40 cm − 4 m 78 cm
= 1 m 62 cm

5 5 m 48 cm − 3 m 72 cm
= 1 m 76 cm

6 6 m 38 cm − 2 m 94 cm
= 3 m 44 cm

7 8 m 28 cm − 4 m 39 cm
= 3 m 89 cm

8 8 m 83 cm − 3 m 97 cm
= 4 m 86 cm

9 5 m 26 cm − 2 m 55 cm
= 2 m 71 cm

10 7 m 52 cm − 5 m 69 cm
= 1 m 83 cm

11 14 m 32 cm − 8 m 67 cm
= 5 m 65 cm

12 15 m 64 cm − 7 m 77 cm
= 7 m 87 cm

빈 곳에 알맞은 길이를 써넣으세요. (13 ~ 22)

13 4 m 55 cm → −1 m 85 cm → 2 m 70 cm

14 8 m 20 cm → −2 m 54 cm → 5 m 66 cm

15 6 m 30 cm → −2 m 44 cm → 3 m 86 cm

16 6 m 62 cm → −3 m 85 cm → 2 m 77 cm

17 7 m 36 cm → −2 m 57 cm → 4 m 79 cm

18 7 m 16 cm → −5 m 75 cm → 1 m 41 cm

19 9 m 45 cm → −3 m 59 cm → 5 m 86 cm

20 8 m 25 cm → −4 m 63 cm → 3 m 62 cm

21 8 m 22 cm → −4 m 36 cm → 3 m 86 cm

22 9 m 67 cm → −6 m 99 cm → 2 m 68 cm

---

6 신기한 연산

월 일

걸린 시간	1~10분	10~15분	15~20분
맞은 개수	17~18개	13~16개	1~12개
평가	참 잘했어요.	잘했어요.	좀더 노력해요.

□ 안에 알맞은 수를 써넣으세요. (1 ~ 9)

1
　　6 m 2 4 cm
＋　2 m 2 8 cm
　　8 m 5 2 cm

2
　　4 m 4 5 cm
＋　3 m 3 5 cm
　　7 m 8 0 cm

3 3 m 29 cm + 4 m 56 cm = 7 m 85 cm

4
　　5 m 9 0 cm
＋　3 m 7 5 cm
　　9 m 6 5 cm

5
　　2 m 3 7 cm
＋　5 m 8 9 cm
　　8 m 2 6 cm

6 4 m 58 cm + 4 m 77 cm = 9 m 35 cm

7
　　8 m 8 8 cm
＋　4 m 8 5 cm
　13 m 7 3 cm

8
　　8 m 9 5 cm
＋　6 m 4 9 cm
　15 m 4 4 cm

9 9 m 89 cm + 7 m 66 cm = 17 m 55 cm

□ 안에 알맞은 수를 써넣으세요. (10 ~ 18)

10
　　9 m 8 3 cm
−　3 m 3 8 cm
　　6 m 4 5 cm

11
　1 3 m 8 5 cm
−　8 m 4 8 cm
　　5 m 3 7 cm

12 8 m 52 cm − 2 m 36 cm = 6 m 16 cm

13
　　8 m 3 3 cm
−　2 m 8 5 cm
　　5 m 4 8 cm

14
　　9 m 4 1 cm
−　2 m 6 8 cm
　　6 m 7 3 cm

15 8 m 60 cm − 4 m 82 cm = 3 m 78 cm

16
　　8 m 2 0 cm
−　2 m 7 5 cm
　　5 m 4 5 cm

17
　1 5 m 3 0 cm
−　5 m 5 6 cm
　　9 m 7 4 cm

18 12 m 20 cm − 3 m 52 cm = 8 m 68 cm

확인 평가

걸린 시간	1~15분	15~20분	20~25분
맞은 개수	35~38개	27~34개	1~26개
평가	참 잘했어요.	잘했어요.	좀더 노력해요.

□ 안에 알맞은 수를 써넣으세요. (1~14)

1 1 m = ☐100☐ cm

2 3 m = ☐300☐ cm

3 5 m = ☐500☐ cm

4 7 m = ☐700☐ cm

5 125 cm = ☐1☐ m ☐25☐ cm

6 240 cm = ☐2☐ m ☐40☐ cm

7 345 cm = ☐3☐ m ☐45☐ cm

8 450 cm = ☐4☐ m ☐50☐ cm

9
```
    3 m  24 cm
  + 2 m  33 cm
    5 m  57 cm
```

10
```
    4 m  50 cm
  + 2 m  35 cm
    6 m  85 cm
```

11
```
    5 m  44 cm
  + 8 m  39 cm
   13 m  83 cm
```

12
```
    7 m  29 cm
  + 5 m  36 cm
   12 m  65 cm
```

13 4 m 35 cm + 2 m 50 cm
= ☐6☐ m ☐85☐ cm

14 8 m 43 cm + 6 m 27 cm
= ☐14☐ m ☐70☐ cm

□ 안에 알맞은 수를 써넣으세요. (15~26)

15
```
    1 m  60 cm
  + 2 m  57 cm
    4 m  17 cm
```

16
```
    2 m  75 cm
  + 3 m  80 cm
    6 m  55 cm
```

17
```
    8 m  47 cm
  + 4 m  68 cm
   13 m  15 cm
```

18
```
    7 m  85 cm
  + 6 m  48 cm
   14 m  33 cm
```

19 3 m 50 cm + 4 m 75 cm
= ☐8☐ m ☐25☐ cm

20 8 m 43 cm + 6 m 27 cm
= ☐14☐ m ☐70☐ cm

21 6 m 49 cm + 6 m 86 cm
= ☐13☐ m ☐35☐ cm

22 5 m 55 cm + 6 m 66 cm
= ☐12☐ m ☐21☐ cm

23
```
    7 m  54 cm
  - 2 m  32 cm
    5 m  22 cm
```

24
```
    5 m  42 cm
  - 1 m  29 cm
    4 m  13 cm
```

25
```
    9 m  89 cm
  - 3 m  52 cm
    6 m  37 cm
```

26
```
    8 m  74 cm
  - 3 m  58 cm
    5 m  16 cm
```

확인 평가

□ 안에 알맞은 수를 써넣으세요. (27~38)

27 7 m 52 cm − 2 m 30 cm
= ☐5☐ m ☐22☐ cm

28 9 m 70 cm − 4 m 25 cm
= ☐5☐ m ☐45☐ cm

29
```
    8 m  30 cm
  - 2 m  50 cm
    5 m  80 cm
```

30
```
    7 m  50 cm
  - 4 m  90 cm
    2 m  60 cm
```

31
```
    9 m  60 cm
  - 4 m  85 cm
    4 m  75 cm
```

32
```
    6 m  42 cm
  - 3 m  76 cm
    2 m  66 cm
```

33
```
   12 m  36 cm
  -  4 m  58 cm
    7 m  78 cm
```

34
```
   15 m  27 cm
  -  8 m  85 cm
    6 m  42 cm
```

35 7 m 35 cm − 2 m 70 cm
= ☐4☐ m ☐65☐ cm

36 9 m 24 cm − 5 m 78 cm
= ☐3☐ m ☐46☐ cm

37 11 m 40 cm − 5 m 63 cm
= ☐5☐ m ☐77☐ cm

38 14 m 38 cm − 8 m 59 cm
= ☐5☐ m ☐79☐ cm

👑 크라운 온라인 평가 응시 방법

에듀왕닷컴 접속 www.eduwang.com
⌄
메인 상단 메뉴에서 단원평가 클릭
⌄
단계 및 단원 선택
⌄
온라인 단원평가 실시(30분 동안 평가 실시)
⌄
크라운 확인

🐰 각 단원평가를 통해 100점을 받으시면 크라운 1개를 드리며, 획득하신 크라운으로 에듀왕 닷컴에서 판매하고 있는 교재 및 서비스를 무료로 구매하실 수 있습니다.

(크라운 1개 − 1000원)

1 몇 시 몇 분 알아보기 (1)

학습 날짜 / 월　일

🌀 시각 알아보기

- 시계에서 긴바늘이 숫자 1, 2, 3, …을 가리키면 각각 5분, 10분, 15분, …을 나타냅니다.
- 오른쪽 시계가 나타내는 시각은 3시 40분입니다.

1 시계의 긴바늘이 가리키는 숫자에 따라 빈칸에 알맞은 수를 써넣으세요.

숫자	1	2	3	4	5	6	7	8	9	10	11	12
분	5	10	15	20	25	30	35	40	45	50	55	0

2 오른쪽 시계는 영수가 일어난 시각을 나타낸 것입니다. □ 안에 알맞은 수를 써넣으세요.

(1) 시계의 긴바늘은 숫자 **2** 를 가리키고 있습니다.

(2) 시계의 짧은바늘은 숫자 **8** 과 **9** 사이에 있습니다.

(3) 영수가 일어난 시각은 **8** 시 **10** 분입니다.

3 유승이는 학교 수업을 마치고 집에 1시 35분에 도착하였습니다. 유승이가 집에 도착한 시각을 오른쪽 시계에 나타내 보세요.

(1) 시계의 짧은바늘은 숫자 **1** 과 **2** 사이에 그립니다.

(2) 시계의 긴바늘은 숫자 **7** 을 가리키도록 그립니다.

걸린 시간	1~4분	4~6분	6~8분
맞은 개수	12~13개	9~11개	1~8개
평가	참 잘했어요.	잘했어요.	좀더 노력해요.

⏰ 시각을 읽어 보세요. (4 ~ 13)

4 　**5** 시 **10** 분

5 　**2** 시 **50** 분

6 　**7** 시 **20** 분

7 　**5** 시 **55** 분

8 　**1** 시 **40** 분

9 　**2** 시 **30** 분

10 　**5** 시 **25** 분

11 　**3** 시 **35** 분

12 　**4** 시 **45** 분

13 　**9** 시 **15** 분

---

1 몇 시 몇 분 알아보기 (2)

학습 날짜 / 월　일

⏰ 다음이 나타내는 시각을 알아보고 □ 안에 알맞은 수를 써넣으세요. (1 ~ 6)

1 시계의 짧은바늘은 숫자 **2**와 **3** 사이에 있고 긴바늘은 숫자 **5**를 가리키고 있는 시각 ➡ **2** 시 **25** 분

2 시계의 짧은바늘은 숫자 **6**과 **7** 사이에 있고 긴바늘은 숫자 **3**을 가리키고 있는 시각 ➡ **6** 시 **15** 분

3 시계의 짧은바늘은 숫자 **3**과 **4** 사이에 있고 긴바늘은 숫자 **9**를 가리키고 있는 시각 ➡ **3** 시 **45** 분

4 시계의 짧은바늘은 숫자 **5**와 **6** 사이에 있고 긴바늘은 숫자 **2**를 가리키고 있는 시각 ➡ **5** 시 **10** 분

5 시계의 짧은바늘은 숫자 **1**과 **2** 사이에 있고 긴바늘은 숫자 **8**을 가리키고 있는 시각 ➡ **1** 시 **40** 분

6 시계의 짧은바늘은 숫자 **7**과 **8** 사이에 있고 긴바늘은 숫자 **9**를 가리키고 있는 시각 ➡ **7** 시 **45** 분

걸린 시간	1~8분	8~12분	12~16분
맞은 개수	15~16개	12~14개	1~11개
평가	참 잘했어요.	잘했어요.	좀더 노력해요.

⏰ 다음의 시각을 시계에 나타내 보세요. (7 ~ 16)

7 1시 20분 ➡

8 3시 35분 ➡

9 5시 30분 ➡

10 7시 15분 ➡

11 10시 5분 ➡

12 4시 50분 ➡

13 2시 45분 ➡

14 8시 10분 ➡

15 7시 5분 ➡

16 11시 25분 ➡

1 몇 시 몇 분 알아보기(3)

학습날짜
월 일

✿ 시각 알아보기

- 시계에서 긴바늘이 가리키는 작은 눈금 한 칸은 1분을 나타냅니다.
- 오른쪽 그림에서 시계의 긴바늘은 숫자 8에서 작은 눈금 2칸 더 간 곳을 가리키고, 짧은바늘은 숫자 4와 5 사이를 가리키므로 시계가 나타내는 시각은 4시 42분입니다.

⏰ □ 안에 알맞은 수를 써넣으세요. (1~3)

1 (1) 시계에서 긴바늘이 가리키는 작은 눈금 한 칸은 **1** 분을 나타냅니다.

(2) 시계의 짧은바늘은 숫자 **7** 과 **8** 사이에 있고 긴바늘은 숫자 2에서 작은 눈금 **4** 칸을 더 갔습니다.

(3) 오른쪽 그림의 시계가 나타내는 시각은 **7** 시 **14** 분입니다.

2 오른쪽 시계는 유승이네 가족이 놀이 공원에 도착한 시각입니다. 유승이네 가족이 놀이 공원에 도착한 시각을 알아보시오.

(1) 시계의 짧은바늘은 숫자 **9** 와 **10** 사이에 있습니다.

(2) 시계의 긴바늘은 숫자 3에서 작은 눈금 **4** 칸을 더 갔습니다.

(3) 유승이네 가족이 놀이 공원에 도착한 시각은 **9** 시 **19** 분입니다.

3 시계의 짧은바늘은 숫자 4와 5 사이에 있고, 긴바늘은 숫자 8에서 작은 눈금 3칸을 더 간 시각은 **4** 시 **43** 분입니다.

⏰ 시각을 읽어 보세요. (4~13)

4 **5** 시 **12** 분

5 **1** 시 **47** 분

6 **7** 시 **28** 분

7 **5** 시 **53** 분

8 **2** 시 **18** 분

9 **8** 시 **2** 분

10 **7** 시 **43** 분

11 **9** 시 **12** 분

12 **2** 시 **37** 분

13 **1** 시 **54** 분

1 몇 시 몇 분 알아보기(4)

학습날짜
월 일

⏰ 다음이 나타내는 시각을 알아보고 □ 안에 알맞은 수를 써넣으세요. (1~6)

1 시계의 짧은바늘은 숫자 2와 3 사이에 있고 긴바늘은 숫자 6에서 작은 눈금 2칸을 더 간 시각 ⇒ **2** 시 **32** 분

2 시계의 짧은바늘은 숫자 8과 9 사이에 있고 긴바늘은 숫자 3에서 작은 눈금 3칸을 더 간 시각 ⇒ **8** 시 **18** 분

3 시계의 짧은바늘은 숫자 5와 6 사이에 있고 긴바늘은 숫자 1에서 작은 눈금 4칸을 더 간 시각 ⇒ **5** 시 **9** 분

4 시계의 짧은바늘은 숫자 7과 8 사이에 있고 긴바늘은 숫자 3에서 작은 눈금 2칸을 더 간 시각 ⇒ **7** 시 **17** 분

5 시계의 짧은바늘은 숫자 11과 12 사이에 있고 긴바늘은 숫자 5에서 작은 눈금 4칸을 더 간 시각 ⇒ **11** 시 **29** 분

6 시계의 짧은바늘은 숫자 4와 5 사이에 있고 긴바늘은 숫자 10에서 작은 눈금 3칸을 더 간 시각 ⇒ **4** 시 **53** 분

⏰ 다음 시각을 시계에 나타내 보세요. (7~16)

7 2시 16분 ⇒

8 3시 34분 ⇒

9 4시 52분 ⇒

10 5시 43분 ⇒

11 6시 14분 ⇒

12 7시 21분 ⇒

13 8시 28분 ⇒

14 9시 12분 ⇒

15 10시 36분 ⇒

16 11시 24분 ⇒

2 여러 가지 방법으로 시각 읽어 보기

학습 날짜
월
일

✿ 몇시 몇분 전 알아보기

6시 55분에서 7시가 되려면 5분이 더 지나야 합니다.

6시 55분을 7시 5분 전이라고도 합니다.

   6시 55분=7시 5분 전

⏰ □ 안에 알맞은 수를 써넣으세요. (1 ~ 3)

1
- 시계가 나타내는 시각은 4 시 55 분입니다.
- 5시가 되려면 5 분이 더 지나야 합니다.
- 이 시각을 5 시 5 분 전이라고도 합니다.

2
- 시계가 나타내는 시각은 8 시 56 분입니다.
- 9시가 되려면 4 분이 더 지나야 합니다.
- 이 시각을 9 시 4 분 전이라고도 합니다.

3
- 시계가 나타내는 시각은 2 시 50 분입니다.
- 3시가 되려면 10 분이 더 지나야 합니다.
- 이 시각을 3 시 10 분 전이라고도 합니다.

계산은 빠르고 정확하게!

걸린 시간	1~3분	3~5분	5~7분
맞은 개수	10~11개	8~9개	1~7개
평가	참 잘했어요.	잘했어요.	좀더 노력해요.

⏰ □ 안에 알맞은 수를 써넣으세요. (4 ~ 11)

4

1 시 55 분

➡ 2 시 5 분 전

5

5 시 50 분

➡ 6 시 10 분 전

6

2 시 55 분

➡ 3 시 5 분 전

7

6 시 50 분

➡ 7 시 10 분 전

8

4 시 45 분

➡ 5 시 15 분 전

9

3 시 55 분

➡ 4 시 5 분 전

10 7:50

7 시 50 분

➡ 8 시 10 분 전

11 10:45

10 시 45 분

➡ 11 시 15 분 전

3 시간과 분의 관계 알아보기(1)

학습 날짜
월
일

✿ 시간 알아보기

- 시계의 짧은바늘이 7에서 8로 움직이는 데 걸린 시간은 1시간 입니다.
- 시계의 긴바늘이 한 바퀴 도는 데 걸리는 시간은 60분입니다.
- 1시간은 60분입니다.
- 2시간 20분=60분+60분+20분
  =140분

1시간=60분

참고
- 시각과 시각 사이를 시간이라고 합니다.
- 시계의 긴바늘이 12에서 12까지 한 바퀴 도는 데 60분이 걸립니다.

⏰ □ 안에 알맞은 수를 써넣으세요. (1 ~ 6)

1 1시간= 60 분

2 1시간 5분=1시간+ 5 분
= 60 분+ 5 분
= 65 분

3 1시간 30분=1시간+ 30 분
= 60 분+ 30 분
= 90 분

4 1시간 45분= 1 시간+ 45 분
= 60 분+ 45 분
= 105 분

5 2시간 10분= 2 시간+ 10 분
= 120 분+ 10 분
= 130 분

6 2시간 30분= 2 시간+ 30 분
= 120 분+ 30 분
= 150 분

계산은 빠르고 정확하게!

걸린 시간	1~5분	5~8분	8~10분
맞은 개수	18~20개	14~17개	1~13개
평가	참 잘했어요.	잘했어요.	좀더 노력해요.

⏰ □ 안에 알맞은 수를 써넣으세요. (7 ~ 20)

7 1시간 10분= 70 분

8 1시간 20분= 80 분

9 1시간 50분= 110 분

10 2시간= 120 분

11 2시간 15분= 135 분

12 2시간 45분= 165 분

13 70분=60분+ 10 분
= 1 시간+ 10 분
= 1 시간 10 분

14 85분=60분+ 25 분
= 1 시간+ 25 분
= 1 시간 25 분

15 100분=60분+ 40 분
= 1 시간+ 40 분
= 1 시간 40 분

16 160분= 120 분+ 40 분
= 2 시간+ 40 분
= 2 시간 40 분

17 95분= 1 시간 35 분

18 125분= 2 시간 5 분

19 140분= 2 시간 20 분

20 165분= 2 시간 45 분

3 시간과 분의 관계 알아보기(2)

학습 날짜 월 일

계산은 빠르고 정확하게!

걸린 시간	1~8분	8~12분	12~16분
맞은 개수	22~24개	17~21개	1~16개
평가	참 잘했어요.	잘했어요.	좀더 노력해요.

왼쪽 시계의 시각에서 오른쪽 시계의 시각까지 걸린 시간을 알아보고 □ 안에 알맞은 수를 써넣으세요. (1~8)

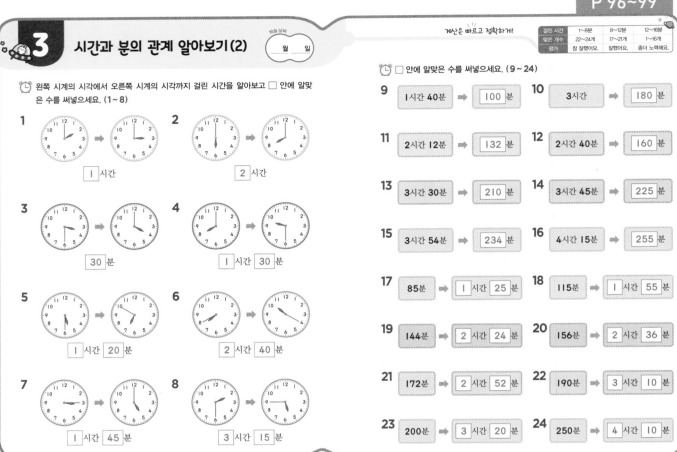

1 [1] 시간

2 [2] 시간

3 [30] 분

4 [1] 시간 [30] 분

5 [1] 시간 [20] 분

6 [2] 시간 [40] 분

7 [1] 시간 [45] 분

8 [3] 시간 [15] 분

□ 안에 알맞은 수를 써넣으세요. (9~24)

9 1시간 40분 ➡ [100] 분

10 3시간 ➡ [180] 분

11 2시간 12분 ➡ [132] 분

12 2시간 40분 ➡ [160] 분

13 3시간 30분 ➡ [210] 분

14 3시간 45분 ➡ [225] 분

15 3시간 54분 ➡ [234] 분

16 4시간 15분 ➡ [255] 분

17 85분 ➡ [1] 시간 [25] 분

18 115분 ➡ [1] 시간 [55] 분

19 144분 ➡ [2] 시간 [24] 분

20 156분 ➡ [2] 시간 [36] 분

21 172분 ➡ [2] 시간 [52] 분

22 190분 ➡ [3] 시간 [10] 분

23 200분 ➡ [3] 시간 [20] 분

24 250분 ➡ [4] 시간 [10] 분

4 하루의 시간 알아보기(1)

학습 날짜 월 일

계산은 빠르고 정확하게!

걸린 시간	1~6분	6~9분	9~12분
맞은 개수	15~16개	12~14개	1~11개
평가	참 잘했어요.	잘했어요.	좀더 노력해요.

- 하루는 **24**시간입니다.

  1일 = 24시간

- 전날 밤 **12**시부터 낮 **12**시까지를 오전이라 하고, 낮 **12**시에서 밤 **12**시까리를 오후라고 합니다.

가영이가 학교에 도착한 시각과 집에 돌아온 시각을 나타낸 것입니다. □ 안에 알맞은 수나 말을 써넣으세요. (1~6)

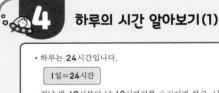

1 전날 밤 **12**시부터 낮 **12**시까지를 [오전] 이라고 합니다.

2 낮 **12**시부터 밤 **12**시까지를 [오후] 라고 합니다.

3 학교에 도착한 시각은 [오전] **9**시입니다.

4 집에 돌아온 시각은 [오후] **3**시입니다.

5 가영이가 학교에 도착해서 집에 돌아오기까지 걸린 시간을 색칠하시오.

6 학교에 도착해서 집에 돌아올 때까지 걸린 시간은 [6] 시간입니다.

□ 안에 알맞은 수를 써넣으세요. (7~16)

7 하루는 [24] 시간입니다.

8 오전 **6**시부터 오전 **10**시까지는 [4] 시간입니다.

9 오후 **3**시부터 오후 **9**시까지는 [6] 시간입니다.

10 오전 **8**시 **30**분부터 오전 **11**시까지는 [2] 시간 [30] 분입니다.

11 오전 **7**시부터 오전 **10**시 **30**분까지는 [3] 시간 [30] 분입니다.

12 오후 **1**시부터 오후 **8**시 **20**분까지는 [7] 시간 [20] 분입니다.

13 오후 **2**시 **40**분부터 오후 **7**시까지는 [4] 시간 [20] 분입니다.

14 오전 **10**시부터 오후 **3**시 **40**분까지는 [5] 시간 [40] 분입니다.

15 오전 **9**시 **30**분부터 오후 **3**시 **40**분까지는 [6] 시간 [10] 분입니다.

16 오전 **10**시 **20**분부터 오후 **5**시 **10**분까지는 [6] 시간 [50] 분입니다.

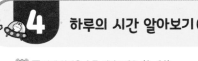 **4 하루의 시간 알아보기 (2)**

학습 날짜 월 일

계산은 빠르고 정확하게!

걸린 시간	1~10분	10~15분	15~20분
맞은 개수	27~30개	21~26개	1~20개
평가	참 잘했어요.	잘했어요.	좀더 노력해요.

□ 안에 알맞은 수를 써넣으세요. (1~14)

1 1일 6시간=24시간+ 6 시간
= 30 시간

2 1일 12시간= 24 시간+12시간
= 36 시간

3 1일 10시간
= 24 시간+ 10 시간
= 34 시간

4 1일 18시간
= 24 시간+ 18 시간
= 42 시간

5 2일 4시간=48시간+ 4 시간
= 52 시간

6 2일 10시간= 48 시간+10시간
= 58 시간

7 2일 8시간
= 48 시간+ 8 시간
= 56 시간

8 2일 20시간
= 48 시간+ 20 시간
= 68 시간

9 25시간=24시간+ 1 시간
= 1 일 1 시간

10 33시간=24시간+ 9 시간
= 1 일 9 시간

11 40시간= 24 시간+ 16 시간
= 1 일 16 시간

12 46시간= 24 시간+ 22 시간
= 1 일 22 시간

13 50시간=48시간+ 2 시간
= 2 일 2 시간

14 60시간= 48 시간+ 12 시간
= 2 일 12 시간

□ 안에 알맞은 수를 써넣으세요. (15~30)

15 1일 5시간 ⇒ 29 시간

16 1일 10시간 ⇒ 34 시간

17 2일 11시간 ⇒ 59 시간

18 2일 18시간 ⇒ 66 시간

19 3일 2시간 ⇒ 74 시간

20 3일 20시간 ⇒ 92 시간

21 4일 ⇒ 96 시간

22 4일 5시간 ⇒ 101 시간

23 34시간 ⇒ 1 일 10 시간

24 43시간 ⇒ 1 일 19 시간

25 51시간 ⇒ 2 일 3 시간

26 62시간 ⇒ 2 일 14 시간

27 70시간 ⇒ 2 일 22 시간

28 80시간 ⇒ 3 일 8 시간

29 90시간 ⇒ 3 일 18 시간

30 100시간 ⇒ 4 일 4 시간

---

5 1주일 알아보기 (1)

학습 날짜 월 일

계산은 빠르고 정확하게!

걸린 시간	1~10분	10~15분	15~20분
맞은 개수	27~30개	21~26개	1~20개
평가	참 잘했어요.	잘했어요.	좀더 노력해요.

➡ 1주일 알아보기
• 7일마다 같은 요일이 반복되므로 1주일은 7일입니다.
• 2주일 3일=7일+7일+3일=17일
• 20일=7일+7일+6일=2주일 6일

1주일=7일

□ 안에 알맞은 수를 써넣으세요. (1~10)

1 1주일 3일=7일+ 3 일
= 10 일

2 2주일 5일
= 7 일+ 7 일+5일
= 19 일

3 3주일= 7 일+ 7 일+ 7 일
= 21 일

4 3주일 4일
= 7 일+ 7 일+ 7 일+ 4 일
= 25 일

5 4주일=(4× 7)일
= 28 일

6 4주일 5일
=(4 × 7)일+ 5 일
= 33 일

7 5주일 3일
=(5 × 7)일+ 3 일
= 38 일

8 6주일 4일
=(6 × 7)일+ 4 일
= 46 일

9 30일=(7× 4 + 2)일
= 4 주일 2 일

10 50일=(7× 7 + 1)일
= 7 주일 1 일

□ 안에 알맞은 수를 써넣으세요. (11~30)

11 1주일 5일= 12 일

12 9일= 1 주일 2 일

13 2주일 2일= 16 일

14 15일= 2 주일 1 일

15 3주일 4일= 25 일

16 18일= 2 주일 4 일

17 4주일 3일= 31 일

18 24일= 3 주일 3 일

19 5주일 1일= 36 일

20 29일= 4 주일 1 일

21 6주일 2일= 44 일

22 32일= 4 주일 4 일

23 6주일 5일= 47 일

24 38일= 5 주일 3 일

25 7주일 3일= 52 일

26 40일= 5 주일 5 일

27 8주일 4일= 60 일

28 43일= 6 주일 1 일

29 9주일 5일= 68 일

30 57일= 8 주일 1 일

5 1주일 알아보기(2)

계산은 빠르고 정확하게!

걸린 시간	1~10분	10~15분	15~20분
맞은 개수	29~32개	23~28개	1~22개
평가	참 잘했어요.	잘했어요.	좀더 노력해요.

□ 안에 알맞은 수를 써넣으세요. (1~16)

1 1주일 → 7 일

2 1주일 4일 → 11 일

3 2주일 → 14 일

4 2주일 3일 → 17 일

5 2주일 5일 → 19 일

6 3주일 → 21 일

7 3주일 2일 → 23 일

8 3주일 6일 → 27 일

9 4주일 → 28 일

10 4주일 3일 → 31 일

11 4주일 6일 → 34 일

12 5주일 → 35 일

13 5주일 2일 → 37 일

14 5주일 6일 → 41 일

15 6주일 → 42 일

16 6주일 3일 → 45 일

□ 안에 알맞은 수를 써넣으세요. (17~32)

17 8일 → 1 주일 1 일

18 16일 → 2 주일 2 일

19 12일 → 1 주일 5 일

20 19일 → 2 주일 5 일

21 22일 → 3 주일 1 일

22 26일 → 3 주일 5 일

23 33일 → 4 주일 5 일

24 37일 → 5 주일 2 일

25 40일 → 5 주일 5 일

26 44일 → 6 주일 2 일

27 46일 → 6 주일 4 일

28 52일 → 7 주일 3 일

29 59일 → 8 주일 3 일

30 60일 → 8 주일 4 일

31 64일 → 9 주일 1 일

32 68일 → 9 주일 5 일

6 달력 알아보기(1)

- 1년은 12개월입니다.
- 날수가 31일인 달은 1월, 3월, 5월, 7월, 8월, 10월, 12월입니다.
- 날수가 30일인 달은 4월, 6월, 9월, 11월입니다.
- 2월의 날수는 28일 또는 29일입니다.

어느 해 4월의 달력입니다. 달력을 보고 □ 안에 알맞은 수나 말을 써넣으세요. (1~4)

일	월	화	수	목	금	토
					1	2
3	4	5	6	7	8	9
10	11	12	13	14	15	16
17	18	19	20	21	22	23
24	25	26	27	28	29	30

1 이달의 5일은 화 요일이고, 15일은 금 요일입니다.

2 이달의 수요일은 6 일, 13 일, 20 일, 27 일입니다.

3 이달의 첫 번째 월요일은 4 일이고, 첫 번째 토요일은 2 일입니다.

4 두 번째 일요일은 첫 번째 일요일부터 7 일 후입니다.

표를 보고 □ 안에 알맞은 수를 써넣으세요. (5~6)

월	1	2	3	4	5	6	7	8	9	10	11	12
날수	31	28 (29)	31	30	31	30	31	31	30	31	30	31

5 30일까지 있는 달은 4 월, 6 월, 9 월, 11 월입니다.

6 31일까지 있는 달은 1 월, 3 월, 5 월, 7 월, 8 월, 10 월, 12 월입니다.

계산은 빠르고 정확하게!

걸린 시간	1~6분	6~9분	9~12분
맞은 개수	13~14개	9~12개	1~8개
평가	참 잘했어요.	잘했어요.	좀더 노력해요.

달력을 보고 □ 안에 알맞은 수나 말을 써넣으세요. (7~14)

일	월	화	수	목	금	토
	1	2	3	4	5	6
7	8	9	10	11	12	13
14	15	16	17	18	19	20
21	22	23	24	25	26	27
28	29	30	31			

7 일주일은 일요일, 월 요일, 화 요일, 수 요일, 목 요일, 금 요일, 토 요일로 7 일입니다.

8 이달의 10일은 수 요일, 20일은 토 요일, 30일은 화 요일입니다.

9 일요일부터 토요일까지는 7 일이므로 일주일은 7 일입니다.

10 8일에서 일주일 후는 15 일입니다.

11 16일부터 7일 후는 화 요일입니다.

12 6일에서 1주일 후에는 13 일, 2주일 후는 20 일, 3주일 후는 27 일입니다.

13 25일에서 3일 전은 월 요일이고, 1주일 전은 18 일입니다.

14 이달의 날수와 같은 달은 1년 중 7 번 있습니다.

6 달력 알아보기(2)

월 일

□ 안에 알맞은 수를 써넣으세요. (1~20)

1 1년= 12 개월

2 2년= 24 개월

3 1년 3개월= 15 개월

4 2년 4개월= 28 개월

5 3년= 36 개월

6 4년= 48 개월

7 3년 8개월= 44 개월

8 4년 8개월= 56 개월

9 5년= 60 개월

10 5년 9개월= 69 개월

11 12개월= 1 년

12 24개월= 2 년

13 18개월= 1 년 6 개월

14 25개월= 2 년 1 개월

15 30개월= 2 년 6 개월

16 36개월= 3 년

17 40개월= 3 년 4 개월

18 50개월= 4 년 2 개월

19 60개월= 5 년

20 70개월= 5 년 10 개월

□ 안에 알맞은 수를 써넣으세요. (21~36)

21 1년 5개월 ➡ 17 개월

22 3년 3개월 ➡ 39 개월

23 2년 10개월 ➡ 34 개월

24 3년 6개월 ➡ 42 개월

25 4년 1개월 ➡ 49 개월

26 5년 6개월 ➡ 66 개월

27 6년 2개월 ➡ 74 개월

28 6년 8개월 ➡ 80 개월

29 20개월 ➡ 1 년 8 개월

30 27개월 ➡ 2 년 3 개월

31 30개월 ➡ 2 년 6 개월

32 42개월 ➡ 3 년 6 개월

33 45개월 ➡ 3 년 9 개월

34 55개월 ➡ 4 년 7 개월

35 65개월 ➡ 5 년 5 개월

36 75개월 ➡ 6 년 3 개월

7 신기한 연산

월 일

현재 시각을 나타내는 시계와 각 열차가 출발하는 시각을 나타낸 것입니다. 열차가 출발하기 전까지 남은 시간을 구하세요. (1~4)

1 서울 → 부산 8:45 출발 ➡ 40 분

2 서울 → 대전 2:45 출발 ➡ 25 분

3 서울 → 대구 6:35 출발 ➡ 40 분

4 서울 → 광주 1:20 출발 ➡ 45 분

거울에 비친 시계가 나타내는 시각을 알아보세요. (5~10)

5 2 시 43 분

6 3 시 30 분

7 9 시 45 분

8 7 시 55 분

9 10 시 12 분

10 11 시 10 분

어느 달의 달력의 일부분이 찢어져 보이지 않습니다. 이달의 25일은 무슨 요일인지 □ 안에 알맞은 말을 써넣으세요. (11~18)

11
일	월	화	수	목	금	토
				1	2	3
7	8	9	10			

➡ 일 요일

12
일	월	화	수	목	금	토
	1	2	3	4	5	
8	9	10				

➡ 수 요일

13
월	화	수	목	금	토
					1
5	6	7	8		

➡ 화 요일

14
월	화	수	목	금	토
1	2	3	4		
		9			

➡ 금 요일

15
월	화	수	목	금	토
				1	2
6	7	8			

➡ 월 요일

16
일	월	화	수	목	금
			1	2	3
7	8				

➡ 토 요일

17
금	토
6	7
11	12	13	14

➡ 수 요일

18
화	수	목	금	토
3	4	5	6	
10	11	12	13	

➡ 목 요일

확인 평가

걸린 시간	1~10분	10~15분	15~20분
맞은 개수	36~40개	28~35개	1~27개
평가	참 잘했어요.	잘했어요.	좀더 노력해요.

□ 안에 알맞은 수를 써넣으세요. (1~10)

1  ➡ **1** 시 **30** 분

2  ➡ **2** 시 **40** 분

3  ➡ **7** 시 **25** 분

4  ➡ **4** 시 **35** 분

5  ➡ **2** 시 **27** 분

6  ➡ **9** 시 **2** 분

7  ➡ **7** 시 **43** 분

8  ➡ **6** 시 **12** 분

9  ➡ **2** 시 **37** 분

10  ➡ **3** 시 **54** 분

□ 안에 알맞은 수를 써넣으세요. (11~26)

11 2시 55분= **3** 시 **5** 분 전

12 3시 50분= **4** 시 **10** 분 전

13 5시 45분= **6** 시 **15** 분 전

14 7시 40분= **8** 시 **20** 분 전

15 2시간 30분=2시간+ **30** 분= **120** 분+ **30** 분= **150** 분

16 1시간 40분= **100** 분

17 2시간 45분= **165** 분

18 3시간 20분= **200** 분

19 5시간= **300** 분

20 163분= **120** 분+43분= **2** 시간+ **43** 분= **2** 시간 **43** 분

21 132분= **2** 시간 **12** 분

22 116분= **1** 시간 **56** 분

23 185분= **3** 시간 **5** 분

24 250분= **4** 시간 **10** 분

25 오전 8시부터 오전 11시 30분까지는 **3** 시간 **30** 분입니다.

26 오전 11시부터 오후 5시 20분까지는 **6** 시간 **20** 분입니다.

 확인 평가

크라운을 도전하세요!

□ 안에 알맞은 수를 써넣으세요. (27~38)

27 1일 6시간= **30** 시간

28 3일 12시간= **84** 시간

29 32시간= **1** 일 **8** 시간

30 50시간= **2** 일 **2** 시간

31 1주일 6일= **13** 일

32 3주일 4일= **25** 일

33 20일= **2** 주일 **6** 일

34 34일= **4** 주일 **6** 일

35 1년 2개월= **14** 개월

36 2년 6개월= **30** 개월

37 25개월= **2** 년 **1** 개월

38 40개월= **3** 년 **4** 개월

다음 달력을 완성하세요. (39~40)

39 6월

일	월	화	수	목	금	토
			1	2	3	4	5
6	7	8	9	10	11	12
13	14	15	16	17	18	19
20	21	22	23	24	25	26
27	28	29	30			

40 8월

일	월	화	수	목	금	토
		1	2	3	4	5	6
7	8	9	10	11	12	13
14	15	16	17	18	19	20
21	22	23	24	25	26	27
28	29	30	31			

👑 **크라운 온라인 평가 응시 방법**

에듀왕닷컴 접속 www.eduwang.com
⊗
메인 상단 메뉴에서 단원평가 클릭
⊗
단계 및 단원 선택
⊗
온라인 단원평가 실시(30분 동안 평가 실시)
⊗
크라운 확인

각 단원평가를 통해 100점을 받으시면 크라운 1개를 드리며, 획득하신 크라운으로 에듀왕 닷컴에서 판매하고 있는 교재 및 서비스를 무료로 구매하실 수 있습니다.

(크라운 1개 – 1000원)

초등 수학의 기본은 연산력!!

신기한
연산왕

B-4 초2 수준 정답